住进整洁的家

的家

*

理想·宅 编著

中国轻工业出版社

图书在版编目（CIP）数据

住进整洁的家 / 理想·宅编著 . — 北京：中国轻
工业出版社，2020.9

ISBN 978-7-5184-3075-8

Ⅰ.①住… Ⅱ.①理… Ⅲ.①家庭生活—基本知识
Ⅳ.① TS976.3

中国版本图书馆 CIP 数据核字（2020）第 122938 号

责任编辑：巴 丽 华　　责任终审：李建华　　封面设计：杨 莹
版式设计：奇文云海　　责任校对：晋 洁　　责任监印：张京华

出版发行：中国轻工业出版社（北京东长安街 6 号，邮编：100740）
印　　刷：北京博海升彩色印刷有限公司
经　　销：各地新华书店
版　　次：2020 年 9 月第 1 版第 1 次印刷
开　　本：710×1000　1/16　印张：11.5
字　　数：200 千字
书　　号：ISBN 978-7-5184-3075-8　定价：68.00 元
邮购电话：010-65241695
发行电话：010-85119835　传真：85113293
网　　址：http://www.chlip.com.cn
Email：club@chlip.com.cn
如发现图书残缺请与我社邮购联系调换
190541S5X101ZBW

收纳做好了，家就变大了

　　家的温度是靠人与物的和谐相处温暖起来的，空空荡荡的房间让人感到的是孤独与冷清，而目之所及的珍爱小物以及给人带来安全感的吃穿用度，则是令人留恋的人间烟火。生活在家中，"物"的存在不容忽视，如何将其进行合理的安置，是对居住者平衡取舍、统筹规划能力的一项考验。

　　也许你会吐槽蜗居的空间太小，东西太多，整洁只是奢望；也许你工作太忙，无暇分身打扫只有晚上才能与之亲密接触的小家；也许你曾经尝试学习收纳大法，到头来，还是抗拒不了"买买买"的魔咒……当你遇到这些问题时，不用过于无奈，毕竟营造整洁的居住环境并非与生俱来的本能，我们需要做的是善于发现让整理变轻松的秘密。

　　生活中，我们既离不开满足基本需求的实用小物，也无法抗拒可以提升幸福感的品质美物。当然，那些蕴藏回忆的物件，也理应小心保存。如何将这些缠人的"小东西"进行合理安置，需要我们从设计源头就为其考虑容身之所，或者找到匹配的"容器"与其和谐相伴。当然，前提是要培养有效的收纳观念。当我们理解了收纳的精髓，规划出吻合自身需求的收纳空间，小家轻松扩容30%不再是难事。

目录

Chapter 1

观念先行，
365天都住在
整洁的家里

Chapter 2

让小家轻松扩容
30%的收纳创意

Chapter 1

观念先行，365天都住在整洁的家里

美好的生活，
离不开整洁的环境。
也许你会吐槽蜗居的空间太小，东西太多，
整洁只是奢望，
也许你工作太忙，无暇分身打扫只有晚上才
能与之亲密接触的小家，
也许你曾经尝试学习收纳大法，到头来，
还是抗拒不了"买买买"的魔咒……
事实上，拨开种种无奈之举编织的迷雾，
房间不整洁的源头，
在于你没有形成有效的收纳观念。

了解家人的收纳需求，提前做好室内收纳评估

　　想要有个适用、合用的收纳空间，使用者本身一定得先做好功课，在装修房子之前就要考虑家庭成员的生活习惯，以及购物爱好、哪种类型的物品居多、使用的频率等，这样有助于快速深入地了解自己及家人的收纳需求，打造更适合的收纳空间。

1. 整合家人的收纳需求

　　除了单身公寓，大多数家庭的组合方式是多人居住，因此产生了很多共用物品的收纳需求，如果不能妥善安置所有物品，家里就会变得凌乱不堪。一般来说，家中的共用物品占据收纳空间的 70%，私人物品则占据收纳空间的 30%。

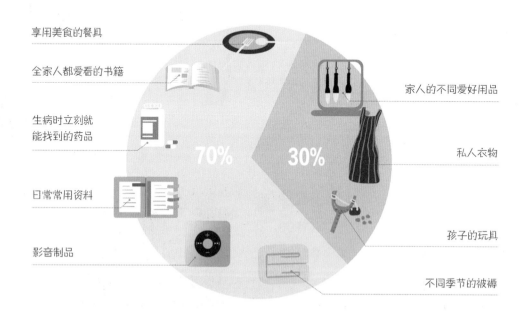

享用美食的餐具

全家人都爱看的书籍

家人的不同爱好用品

生病时立刻就
能找到的药品

私人衣物

日常常用资料

孩子的玩具

影音制品

不同季节的被褥

70%　　30%

2.预估收纳数量

收纳物的大小及数量，关系到收纳空间的尺寸及大小，所以需要清楚家里现有多少东西，而且还要预估未来需要多少东西，尤其对于刚刚结婚的年轻夫妇而言，未来生活的变动性较大，需要考虑以后孩子的收纳空间，或是老人的收纳需求。

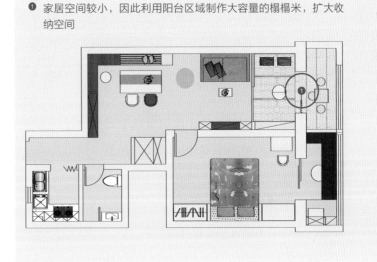

❶ 家居空间较小，因此利用阳台区域制作大容量的榻榻米，扩大收纳空间

▲ 衣物的收纳要分清类别，例如，可以将长裙、衬衫分区收纳，这样既能合理利用空间，又方便拿取

3.将收纳物件做好分类

收纳做得好不好与生活习惯有相当大的关系，不善于收纳的人多半是因为不懂得分类，像床品四件套和棉被需要单独放置，衣服也要按照外套、裙子、裤子、内衣等种类分别放置。如果未经分类就全放在一个空间，不但找东西费劲儿，而且非常浪费空间。所以想要规划好收纳空间，建议家人都把自己的物品做好分类。

可以将需要收纳的杂物分为想要时能方便取得的东西、家中必需品、扔了又觉得可惜的物品、季节变换会用到的东西、纪念品、别人送的礼物、从没用过的东西等几类，然后再从中分出整理的顺序。将平时必要的东西放在随手可取之处，不常用的则放在收纳空间的深处。

4. 依生活习惯指定物品的收纳空间

物品的定位是收纳空间规划重要的原则之一，这样家庭成员既可以轻松地找到所需的物品，想要放回时，也容易找到应放的位置。空间不会因为杂物太多而凌乱不堪。但这需要依照家人生活方式的不同去做规划，一旦确定好物品的指定空间，就不要轻易变动，并请家人共同遵守。

规划收纳空间时，除了固定收纳空间外，还需要给正在使用的，而且会继续使用的物品一个暂时性的收纳空间，如遥控器、纸巾及还要继续穿的外套等。这样收纳就会更加周全。

5. 根据使用者来选择收纳器具

决定了物品的存放位置后，就要选择存放时所必要的器具。需要注意的是要根据不同的使用者来选择不同的收纳器具。

使用人群	选择要点
儿童	应该用孩子能方便打开，并能从外部看见里面是什么物品的储物箱。如果是一些不便放在抽屉里的小玩具，可以在墙上挂一些收纳袋，让孩子自己动手，从小学习收纳
主妇	应该选用能使做家务时变得快乐的、别致而有趣的收纳器具
老人	最好选择一些容易打开且不能移动的收纳器具，因为一些带轮子的收纳器具可能会带来意想不到的伤害

▲ 柜子低层放置收纳箱，可以培养孩子的收纳习惯

▲ 小体量搁板、成套的调料罐，让家务时光更轻松

▲ 老人房的收纳家具以大容量、固定式柜体为佳

收纳空间要符合物品尺寸：在规划收纳空间时需要考虑收纳物的尺寸及形式，特别是收纳空间的深度问题。收纳空间过深，容易造成空间浪费，且不容易拿取物品。日常用品的收纳深度一般在 300 ~ 450mm，衣物则需要 600mm 的收纳深度。

物品要收纳在经常使用的空间：收纳物品时不仅要考虑物品的形体和数量，更要注意其所在空间，这样使用起来才会更加方便。而且将物品收纳在各个空间，整理起来也会比较省事。像平时穿的鞋子就应该放在进门处的鞋柜里，不常穿的放在里面，常穿的则放在最外面容易拿取的地方。

理顺室内动线，挖掘隐藏的收纳方位

"动线"简单来说是人们在家里的活动轨迹。在一定程度上，室内空间如果拥有好的动线，收纳的省时省力程度也会大大提升，家里也不容易显得凌乱。因此，结合动线设计空间中的收纳方位，十分必要。

1. 合理的动线设计可以提升物品的收纳效率

如果家中存在这些问题：孩子的玩具放在大人的房间里，大人的衣物堆到孩子的空间中，厨房操作区的调料放在很远的位置，打扫卫生时还需要去别的空间拿取打扫用具……实际上，带来这些问题的大部分原因是家中的动线规划不合理。

日常清晨从起床到出门上班的行动轨迹

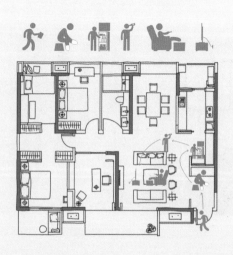

回家后进门到休息的行动轨迹

　　收纳的第一原则就是选择正确的位置，给常用物品提前规划好存储位置与空间是十分必要的。若这个问题解决得好，做家务和整理房间时效率就会提升。而根据家人的实际需求，采用合理的"动线设计"，令物品的拿取符合家人的使用习惯和物件使用的场景及频率，不仅贴合生活习惯和节奏，也可以令空间呈现出符合个性化的本真生活形态。

2. 依行走动线确定物品的收纳位置

　　通过下面日常生活中的常用动线，我们可以归纳出家中主要空间的收纳设计。

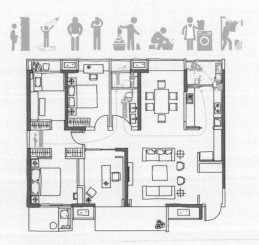

▲ 大容量的玄关定制柜可以具备换鞋、挂衣、储物等多种功能

　　玄关：在玄关处设置鞋柜或定制大容量的收纳柜，这样的设计十分人性化，一进门就可以完成换鞋动作。也可以设计挂钩的安放，挂一些出门时常穿的衣物，或者将购物篮或散步时的用品挂在这里，如此，避免了专门去其他房间拿取所需之物的麻烦，在细节处减少了生活中的重复活动。

▲ 具有储物功能的茶几

客厅：主要是将休闲时用到的视听用具如遥控器，以及零食找到合理的收纳位置，因此设置一个带有储物功能的茶几十分必要。

餐厅：餐厅收纳离不开餐边柜的配合。餐边柜可以收纳餐厅和部分厨房用品，从而减缓厨房的收纳压力，也可以使用餐更加便捷。餐边柜和餐桌的摆放形式常见的为"平行式"和"T 型"，对空间面积充裕的家庭而言，建议采用"T 型"布局，更方便使用。

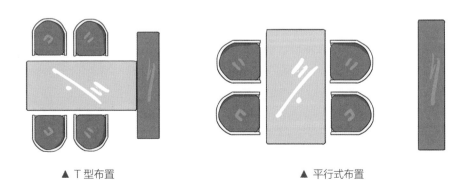

▲ T 型布置　　　　　　　　　　　　　▲ 平行式布置

卧室：卧室最好与衣帽间临近，有条件的家庭可以设计贯穿式衣帽间，方便穿过衣帽间进行收纳和整理，很好地避免了后期整理问题。

/ 贯穿式衣帽间和卧室的三种组合方式 /

组合方式一

若户型支持，也可将衣柜设计在去浴室的途中，这样拿上衣服后便可去洗浴，动线更流畅，但要注意衣帽间的防潮问题

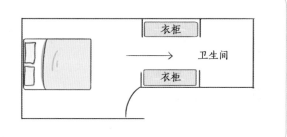

组合方式二

利用卧室闲置空间，用衣柜隔出一个衣帽间区域。也可更改门的位置，将衣帽间设计在卧室里，更具有私密性。而若将衣帽间设计在卧室外，则更像家人共用的区域

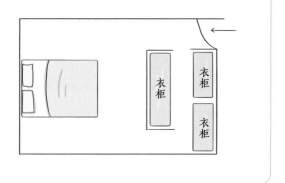

组合方式三

利用进入卧室的走廊，把衣柜设计在卧室进门处，将走廊和衣帽间结合

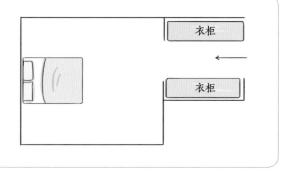

解决办法 1

符合使用者的高度设计

解决办法 2

局部吊顶

▲ 身高 160cm 的业主最高可以够到衣柜 1900mm 处的衣物

如果室内面积不允许，则最好在卧室中设置大衣柜，其中定制式衣柜最实用，可以充分满足分门别类的收纳需求。但为了方便拿取衣物，要考虑衣柜高度是否满足舒适度要求。以身高为 160cm 的女主人为例，举起手臂能够到的最大高度是 1900mm，因此衣柜最上层隔板最好不要超过 2000mm，衣柜顶部高度最好不超过 2400mm。可将上层隔板设计在距地面 1800mm 处，上层隔板高 600mm，如此即可轻松取出上层衣物。但如果空间的层高较高，为避免柜子顶上积灰，不易清洁，可以考虑局部吊顶。

厨房：动线对厨房很重要，厨房里的布局是顺着食品的
贮存和准备、清洗、烹调这一操作过程安排的，应沿着三项
主要设备即炉灶、冰箱和洗涤池组成一个三角形。因为这三
个功能通常要互相配合，所以要安置在合宜的距离以节省时
间、人力。这三边之和以 3.6 ~ 6m 为宜，过长和过小都会影
响操作。

另外，烹饪时，为了尽可能减少移步范围，可以将烹饪
用具和调料就近收纳，同时使用的物品尽可能地摆放在一起。
例如，大盘和锅放在水槽下面，煎锅、汤勺和调料放在灶台
附近等。在一个空间区域完成所有工序，这样的设置既可以
在短期内将饭菜准备妥当，也可以减少无用功。

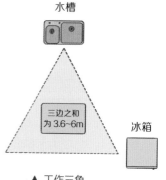

▲ 工作三角

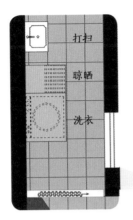

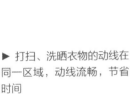

▶ 打扫、洗晒衣物的动线在同一区域，动线流畅，节省时间

卫浴：应尽可能将用水的地方靠近卧室，这样就可以在早起后迅速完成洗漱、换衣等出门准备工作。另外，如果将睡衣收纳到浴室，那么洗澡时就不用东找西找，而是可以直奔目的地，这样就不会导致动线失效。

若有化妆需求，最好将梳妆台设置在洗手池边，而不是卧室中，因为卧室主要是休憩空间，与化妆功能并不完全相宜。同时，女性的习惯也是洗漱完成之后，即刻开始梳妆打扮，再回到卧室会产生多余动线。换言之，护肤、洗漱用品的收纳最好也在卫浴中完成。以空间小的家庭为例，可以选用一体式浴室柜，或在浴室柜旁设计搁板或者壁龛，以放置琳琅满目的化妆用品。

生活阳台：洗衣机的摆放直接决定了洗衣动线的长短。洗衣机最常见的摆放区域是卫浴，但实际上，洗衣机最适宜出现的位置是阳台，如此，洗衣、晾衣可以快速完成。另外，若空间允许，清洁用的拖把与洗衣机一起收纳在生活阳台上是非常好的选择，方便屋主在等待衣物清洗的过程中，随手拿起拖把打扫室内空间。

学会"断舍离",过只拥有必要东西的生活

　　置物间里的东西都快"溢"出来了,房间里的物品四处散乱,东西塞得满满的连门都关不上……发生这些问题,很多人都认为是空间太小造成的。但是事实上,你是否认真考虑过:所有的东西都是必需品吗? 想要保证空间的整洁性,要首先保有"断舍离"的观念,过只拥有必要东西的生活。

1.树立观念,不迷恋过多物品

　　理解"断舍离"的含义:"断"指断绝不需要的东西;"舍"指舍弃多余的废物;"离"指脱离对物品的执念,处于自在的空间。应做到在"断"与"舍"的行动中,脱离对物品的执念,达到轻松自在"离"的状态。将"断舍离"的生活哲学真正运用到收纳中,给家减负,舍弃不必要的家具或装饰,轻装上阵的家居环境会令人得到纯粹的舒适与快乐。

断 + 舍 = 离

● 购物时三思而后行
● 不需要的东西就不接受
● 只添置必需的物品

● 收拾没用的破烂儿
● 卖掉、赠送物品
● 缩小喜好的范围

选择和当下的自己相称的物品

● 脱离执念
● 了解自己,爱上自己
● 心情愉悦

2. 将物品进行分类，留下真正有必要的东西

只留下"真正有必要的东西"，扔掉不需要的东西，这样一来就有足够的收纳空间，物品的存放和拿取也变得简单轻松。着手整理时，可以先把物品分成"需要""不需要""暂时保留"三部分。之后再好好审视"保留"的那部分。

需要的东西	● 最近一年中家里人用过而且之后还会使用的东西。 ● 虽然有一年以上没有用过，但是未来某一时间点会使用的东西。 ● 经过认真思考还是觉得不能扔掉的东西。
不需要的东西	● 最近两三年间家里人都没有用过，而且也没有计划要使用的东西。 ● 坏掉的东西以及污垢不能清除的东西。 ● 不合爱好的东西。 ● 这类衣物可以不保留：尺寸不合；穿起来和自己不搭配；已经好多年没穿过。 ● 这类鞋子和包包可以不保留：鞋子不合脚；因破损无法使用；长期未保养。 ● 这类餐具可以不保留：有裂痕和破损；不实用；没有适宜的场合使用。
暂时保留的东西	无法归类在"需要"与"不需要"这两个类别中的物品，可以先放在保留区里。但也不能一直放着不管，需要再次进行筛选，而筛选的方法就是"再用一次"。 ● 衣物：如果是衣服，那就穿出门看看。这么一来你就会发现，有些是尺码再也穿不上或是款式和自己不太匹配，那就果断地把它们归类到"不需要"的物品里面。 ● 器具：如果是器具也可以用这种方式，把它拿出来再用一次，用过之后再决定是需要的，还是不需要的。 ● 备注：用过之后还是无法决定去留的物品，可以先暂时放在家里一段时间，之后再决定去留。但是一定要给自己设定一个期限，届时再重新审视一次。若是遇到真的舍不得丢弃的物品，也无须强迫自己丢掉，找一个可以妥善保存的位置即可。

养成随手整理的好习惯，时刻保持室内环境的整洁

在日常生活中，如果养成随手整理的好习惯，学会利用零碎时间来收拾室内空间，不仅可以避免物品的大量堆积，也能够将家务劳动时间进行分解，避免遇到需要花费大量时间来做家务，产生疲劳感，或面对大量杂物无从下手的窘境。

1. 养成当场收纳的好习惯

想要改变家里乱糟糟的状态，重点在于"物归原位"。当天拿出来用的东西，用完后立刻放回原位。一个不经意的小动作就能避免整理好的空间被"打回原形"。

保持室内整洁的 7 个步骤

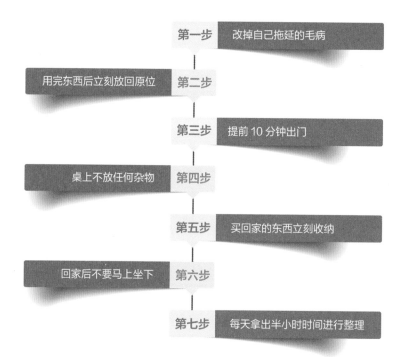

第一步　改掉自己拖延的毛病

用完东西后立刻放回原位　第二步

第三步　提前 10 分钟出门

桌上不放任何杂物　第四步

第五步　买回家的东西立刻收纳

回家后不要马上坐下　第六步

第七步　每天拿出半小时时间进行整理

2. 擅用零碎时间做收纳

随手整理有时不需要太多时间，短短的 5 分钟就能完成。千万不要小看这短短的 5 分钟，只要坚持就能大幅减少散乱在家里的物品数量。比如吃完东西花 5 分钟整理食物残渣和包装袋，出门前花 5 分钟把桌子整理好，像这种的"举手之劳"，往往能起到很大的作用。

挖掘日常生活中的零碎时间	运用零碎时间能够整理的事
● 起床后	● 整理刚喝过水的杯子
● 临睡前	● 收拾乱放的报纸和杂志
● 出门前	● 收拾床铺
● 刚回家	● 整理刚用过的化妆品
● 电视广告时间	● 检查冰箱食物的保存期限
● 吃饭后	● 收拾桌子上的餐具
● 浴缸里的水放满前	● 将遥控器放回收纳盒里
	● 整理书桌上的文具
	● 整理钱包里的单据和发票
	● 将随手摆放的包包放回固定位置
	● 把脱下来的外套挂到指定位置
	● 将放在玄关的鞋子收进鞋柜
	● 检查孩子的功课
	● 收拾好光盘和碟片
	● 丢掉桌子上的零食袋
	● 收拾刚晾干的衣服
	● 丢掉不能穿的衣物

/ 专题 /

自我检视，查找不能维持房间整洁的原因

在烦恼房间太乱时，要先从自我检视的过程中了解不能维持整洁环境的原因，然后找出最适合自己的整理办法。

挑出和自己相似的地方打对号（√），对号最多的就是自己的类型了，如果几种类型的对号都很多，代表你同时具备多种特质。

A 类型

- ☐ 只要东西还能用就不会丢掉。
- ☐ 衣服不合身也要坚持保留。
- ☐ 餐桌上总放着各种报纸和杂志。
- ☐ 漂亮的礼品盒和包装袋总喜欢留着作纪念。
- ☐ 选购东西的基准是"可爱"而非"实用"。
- ☐ 听到"赠品"或"打折"就无法抗拒。
- ☐ 以前医生开的药还放在家里。

类型 B

- ☐ 认为收拾东西很麻烦。
- ☐ 东西脏了不会立即处理。
- ☐ 两天以前用过的东西还摆在外面没有收拾。
- ☐ 脏衣服总是想放着等会儿再洗。
- ☐ 晒干的衣服先放在一边，不会立即收拾。
- ☐ 虽然觉得房间太乱，但总是懒得收拾。
- ☐ 洗过和没洗过的衣服杂乱地放在一起。

C 类型

- ☐ 会听从别人的意见买衣服，回到家却后悔。
- ☐ 皮包里的东西总是乱七八糟，钥匙每次都要找很久。
- ☐ 打扫工具随意摆放，没有经过考虑。
- ☐ 进门后喜欢乱扔鞋子。
- ☐ 东西没有固定的收纳地点。
- ☐ 不清楚柜子里都放了些什么东西。

类型 D

- ☐ 即使再忙，餐桌也会收拾干净。
- ☐ 喜欢买很多东西放在家里。
- ☐ 门口非常干净，但是鞋柜里面却是一团乱。
- ☐ 书摆放得很整齐，但抽屉却很杂乱。
- ☐ 想穿的衣服很容易找到，但饰品却很难找到。
- ☐ 会突然心血来潮把很多东西扔掉。
- ☐ 每天收拾衣物和玩具需要很长时间。

舍不得丢东西的类型

你的性格特点：总是优柔寡断，不舍得扔东西，不知不觉中家里的东西就变得越来越多。但是看到各种杂志、报纸上推荐的东西以及各种试用品和赠品时，还是忍不住拿回家；看到漂亮的包装盒也舍不得丢掉，总感觉以后会用得到。实际上，大多数你认为"还用得到"的物品，到最后都没用到。这种类型的人很多，虽说勤俭节约是美德，但是学会舍弃也是人生经验的一部分，如果感觉很多东西扔了太可惜，可以尝试用捐赠的方式处理。

解决办法：在整理物品的时候，可以先从堆放物品太多的衣柜和储物柜开始。先把东西进行分类，可以分成"需要""不需要""暂时保留"三部分，之后再好好检查"保留"的那部分。如果自己实在不能抉择，可以问问家人是否应该保留。

备注：因为你是只要空间足够大，就会堆放东西的类型，所以可以尝试在飘窗和矮柜等地方放上一些贵重的装饰品，以防止堆放不需要的东西。同时还可以尝试在柜子里增加几个隔板，以防止有向上堆放物品的空间。最好使用透明的储物箱，这样就能清楚地了解里面装了什么东西。

个性懒惰的类型

你的性格特点：懒惰的人常有把事情留到明天去做的想法。明知道这件事应该今天完成却总期待着能够明日去做。思想的懒惰必然导致行动上的延迟。明明知道某件事应该做，甚至应该马上做，可却迟迟不做，或硬挺过去。其实人类天生就有享乐的本性，或许你只是个性随和，对家庭生活的空间整洁度要求不高，只希望自己过得随性一些，但是好的生活习惯可以让你的生活更加美好，所以请尝试着慢慢改变自己的生活习惯。

解决办法：想要改变安于本能的个性，第一步先从整理周遭的环境开始。将物品收在使用场所，打扫工具也放在方便使用的地方，时刻提醒自己要学会收纳整理。然后从最基本的做起，给自己制定行为规范，比如吃过的东西要立刻收拾，桌子和地板多久必须擦一次等，慢慢你就会发现家庭空间环境变得越来越好。

收纳关键词：监管

你的**性格特点**：拿出来的东西，总不记得要放回原位，但是突然有一天，也会一时兴起，开始全面大扫除；即使抽屉里放进隔板，也经常会把东西混着放，想用什么的时候经常会翻得乱七八糟的也找不到。其实这种类型的人非常多，想收拾的时候也能收拾得很好，但是不想收拾的时候却是一动也不想动。落差大是这种类型的最大特征。

解决办法：由于你一直认为"必要时我能把家里打扫干净"，便在不知不觉中偷懒起来，反而让家里杂乱不堪。不妨定期邀请朋友来家里玩，强迫自己打扫整理。如此，不仅能维持整洁的室内环境，享受一尘不染的家居环境，也能提升自己打扫的干劲儿。

备注：平时不要认为整理东西，只是简单地放进去就可以了。要做好分类整理，经常使用的东西要放到随手能拿到的地方。同时，睡觉之前一定要把自己用过的和自己周围的物品回归原位。

收纳关键词：技巧

你的**性格特点**：对收纳整理抱有挺大兴趣，平时也会一直去收拾，但是缺乏一定的收纳技巧。例如，你会把平时装文具等办公用品的抽屉里塞进化妆品、药物等完全不同种类的物品，等想要用时就要翻很多个抽屉才能找到。因为你平时只顾收拾整体，细微部分总是想放到最后，没有做好分类整理，所以到最后还是因为物品放置杂乱难以找到而感到苦恼。

解决办法：因为你很认真，是一旦决定了存放的位置，就能坚持到底的人。所以解决的办法是把你想要隐藏起来的小抽屉里面的东西全部拿出来，把抽屉隔成一个个小格子，然后把不用的物品处理掉，剩下的就按照类别分类存放。还可以自己动手制作收纳工具，因为这种类型的人比较勤奋且爱好收纳，所以肯定会乐在其中的，而且慢慢地会发现很多收纳小窍门。

Chapter 2

让小家轻松扩容 30%的收纳创意

营造整洁的居住环境并非人类与生俱来的本能，
而是通过后天学习而得的本领。
会生活的人，
往往更善于发现让整理变轻松的技巧。

打开"脑洞"，
大到大体型的家具，小到身边小物，
都可以作为收纳之用，
去繁存简，理清家中常见物品的收纳头绪，
即刻还原整洁家居面貌。

当收纳的"住商"快速提升，
小家轻松扩容 30%，即刻变得轻松起来。

放开墙面，狭小空间更自由

　　墙面是家居中的纵向空间，相对于平面空间来说，巧妙运用墙面来进行辅助收纳，可以减少储物家具的占地面积，同时又不会影响活动动线，十分适合作为小户型家居的收纳参考。与其"挖空心思"满屋子找收纳位置，不如在墙面上做文章，既让白墙有了生机活力，同时又提升了空间的整洁度与美观性。

1. 嵌入式墙面收纳

　　嵌入式墙面设计是墙面收纳普遍使用的一种形式。在具体设计时，首先要确认这堵墙不是承重墙，另外需要根据墙体厚度来确定柜体的深度，最好事先预留"嵌入式"的凹槽空间，如此，就能与墙体完全拉平，整体隐身。此外，还要因地制宜，切勿因贪图美观而令室内空间变得压抑。

嵌入式墙面设计形式参考 1

嵌入式墙面设计形式参考 2

墙面吊柜设计形式参考 1

墙面吊柜设计形式参考 2

2. 尽量向高空发展

收纳也可以向高空发展，室内空间的墙身顶部是经常被遗忘的储物空间，如果设计一个造型简单的吊柜，就可以解决储物空间不足的问题。在这样的储藏空间里，适合摆放一些平常收集的各种纪念品或者不太用到的物品。而在厨房中，墙面吊柜也可以发挥出功能强大的收纳能力。

3. 充分利用所有墙角空间

墙角空间有大有小，可以根据墙面的走势设计搁板或搁架，在其上摆放一些装饰品、书籍等，让这个位置成为一个亮眼的角落。另外，在一些背景墙面也可以设置一些墙面搁架，但相对于储物功能来说，这些搁架起到的装饰性作用更强。

 提升墙面收纳能力的高密度收纳法

"高密度收纳"是指充分利用从地面到吊顶之间的高度空间，增加搁板架的数量，这是在有限空间内增加收纳的一种设计技巧。搁板数量可以根据收纳物品的高度来确定，而如果预先设定的搁板之间还有空间，则可以考虑将原有搁板由3层增至6层，这样一来物品容纳量（空间使用率）就会翻一番。例如，制作1800mm×350mm的收纳空间时，如果地板到房顶的高度有2400mm时，那200mm高的间距就可以设置12层搁板。也就是说在家里设置2个这样的地方，收纳空间就等于8个榻榻米大小。另外，空间底部和顶部可设置活动层板，方便存放大件物品。

拥有11层搁板的墙面柜体，每3层搁板所具有的收纳量，即相当于1个榻榻米，整合起来就是4个榻榻米的收纳量

墙面搁板设计形式参考 1

墙面搁板设计形式参考 2

杂物太多，从地面"借"空间

向室内要空间，除了可以从墙面入手，还可以从地面入手。当然，这可不是要你"掘地三尺"。在居住空间有限的情况下，地面可以暗藏玄机，例如选择把床做高，打造一个地台；把阶梯的每一层都打造成一个抽屉；或者在角落"挖"出一个储藏空间等，都可以让居住空间的收纳功能发挥到极致。

1. 借用窗边空间

有些户型中会出现外推阳台，可以利用这一处的角落空间打造一个带有收纳功能的飘窗。飘窗下方收纳最好以开门收纳为佳，若以抽屉收纳，则深处空间较难利用到。

飘窗设计形式参考 2

飘窗设计形式参考 1

2. 设置榻榻米

榻榻米整体上就像是一个"横躺"且带门的柜子,收纳功能十分强大。且其形态也比较多样,可以根据室内情况以及需要收纳物品的多少,来选择适合的形式。

如果对休闲以及收纳需求均不是特别迫切,但希望客房和书房能合二为一,角落榻榻米较为适用。

如果希望满足收纳功能之余,还能拥有睡眠、休闲、工作等多种功能,则半屋榻榻米较为适用。

▲ 可以给空间带来开阔感,也能直接作为床与休闲沙发使用;同时还可以结合墙面制作置物架,这样既能满足收纳需求,又装饰了墙面,确保实用与美观并存

▶ 建议在预留出来的地面上搭建一两个台阶,并将台阶设计为抽屉。对于小户型而言,不放过任何一个边角空间做收纳才是设计的终极目标

如果家中的收纳需求较高,且没有太多的时间清扫房间,则全屋榻榻米是最佳选择。

▶ 对于小空间来说,全屋榻榻米最为实用,同时还多出一个大面积的活动空间。但整屋全铺,需要房屋层高在 2.8m 以上,这样空间才不会显得压抑

3. 借用楼梯空间

如果空间层高比较高，可以考虑做夹层，其中楼梯部位也可以作为收纳小型物品的区域。另外，双层的儿童房楼梯部位也可作为收纳玩具的位置。这种新奇有趣的收纳方式可以为居家环境带来灵动的气氛。

儿童床收纳设计形式参考

4. 在餐厅设置卡座

在家居中设计卡座，最不容忽视的优点便是多出一部分储物空间。如果需要存放大件、不常用的物品，可以设计为最简洁的上翻盖式。如果想增加餐厅空间小件零碎物品的收纳，则可以设计为侧开抽屉式，好用又方便。

卡座收纳设计形式参考

支招!

利用小单品辅助地面收纳： 若在设计之初忽视了地面的收纳规划，不妨利用一些带有收纳功能的软装进行补救。例如，带有收纳功能的家具、床底收纳盒、小型收纳箱等，可在一定程度上利用地面空间进行辅助收纳。

收纳型家具

床底收纳盒

小型收纳箱

灵活隔断，打造美观又通透的居住空间

空间的隔断设计也可以作为储物、展示的主力军。可以运用矮柜、吊柜、吧台、书架、博古架等造型来进行空间隔断。这种设计能够把空间隔断和物品储存两种功能巧妙地结合起来，不仅节省空间面积，还增加了空间组合的灵活性。

1. 小巧的矮柜，隔断、收纳两不误

矮柜造型多变，制作简单，既能存放物品，又可以在柜上摆放装饰品，功能很丰富。如果居室整体色彩丰富，柜子颜色可以灵活处理；如果整体素雅，柜子则最好选用浅色系。此外，如果觉得采用单一的矮柜作为隔断，空间会显得单调，还可以在矮柜上方悬挂珠帘、纱幔等装饰，不仅分隔了空间，也起到了美化作用，同时保证了空间的通透性。

矮柜设计形式参考

书架设计形式参考 1

书架设计形式参考 2

2. 利用书架做隔断，文化味十足

用书架取代隔断墙，不仅通透性好，还能起到展示作用，营造高雅的书香氛围，适合用在客厅与书房之间、**卧室睡眠**和休息区之间等处。书架的高度应根据房间的采光情况而定。

3. 以柜体代替隔断墙更实用

　　以柜体代替平淡的白墙，显得轻巧别致，不会给空间带来压抑感，又具有分门别类的强大收纳功能，最适合小型的空间使用，如果怕隔音不好，还可以在柜子背板加隔音棉。

柜体设计形式参考

4. 以博古架做隔断，
更有古典韵味

　　用博古架来陈列古玩珍宝，既能分隔空间，还具有高雅、古朴、新颖的格调，适合中式古典装修风格和新中式装修风格的家庭。但应注意博古架色彩要与家居中的其他家具色彩相协调。

隔断式吧台设计形式参考

5. 隔断式吧台让居室充满现代
时尚感

　　用于分隔空间的隔断式吧台，既能达到隔而不断的整体效果，也往往具备了一定的储物功能。例如，可以在吧台的侧边或底部设计小型酒架收纳红酒，令空间更具情调；或者设置储物格，放置常用餐具。无论哪种设计，都实现了动线与收纳相结合的特点，实用且方便。

多功能柜体，实现家具的一物多用

在尽量小的占地面积中，要拓展出尽量大的储物容量，与其选择若干个小型零星储物家具，不如尽量采用一体式的柜体。大型的墙面柜本身储物量惊人，出现的方位也十分灵活，既可以结合墙面做嵌入式柜体或贴墙式柜体，也可以独立作为隔断柜，集双重功能于一身。

1. 量身定做，最大化利用空间

若是直接购买一些现成的木作柜或是金属柜摆放在空间里，因其高度、宽度和整个空间很难达到完全匹配，往往不能充分利用空间，可能还会出现一些清洁死角。而定制柜体则可以充分考虑房屋大小、格局和功能应用等多种因素，将室内空间充分利用。

柜体到顶，增加收纳空间：小户型可以采用到顶的定制柜体设计，这样可以充分利用上方空间作为不常用物品的储存区，减少空间浪费，而且可以令空间更加方正。

柜体延伸，充分利用门上空间：若感觉储物空间不够，可以将柜体顶柜延伸出去，充分利用房门上方空间，方便存放棉被等非日常用品，增强空间的收纳性。顶柜一般适合做成掩门，可以方便开启和物品存放。但作为延伸的顶柜，因其下面没有支撑，不宜放置过重的物品，否则容易引起顶柜变形。

包梁包柱增加衣柜储物功能：梁柱繁多的房间非常令人头疼，而定制柜体则能将卧室的梁和柱很好地包容进去，包住的部分横梁和柱体完美被修饰掉，不仅美观，还能增大收纳容量。

转角柜体，让房间无死角：在衣帽间中，往往会定制 L 型或 U 型柜体，令家中真正达到收纳无死角。但需要注意的是，尽量将门的单元分隔宽度控制在 50cm 之内，这样可以方便开启和物品存放；同时要考虑板材的承重能力，若衣柜单元格过宽，容易因放置太多东西而形变。

▲ 到顶柜体设计

▲ 转角柜体设计

▲ 利用门上的空间进行柜体设计

▲ 包梁柜体设计

2. 根据不同人群的收纳需求, 定制合理的衣柜形态

年轻夫妇: 年轻夫妇的衣物较为多样化。长短挂衣架、独立小抽屉或者隔板、小格子这些都得有, 便于不同的衣服分门别类地放置。

毛衣可放在较深的抽屉里

内衣、领带和袜子可用专用的小格子, 既有利于衣物保养, 取物也更直观方便

常穿的衣物可以挂起来, 衬衫可置于独立的小抽屉或搁板, 如此, 不会因过多衣物挤压在一起而皱折变形

老年人: 对于老年人而言, 其衣物挂件较少, 叠放衣物较多, 可考虑多做些层板和抽屉, 但抽屉不宜放置在最底层, 应在离地面高1m左右放置为宜。若条件允许, 则可以在设计衣柜时, 考虑在衣柜上层安装升降衣架。

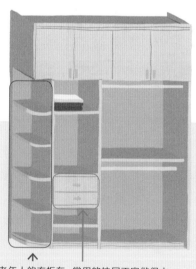

老年人的衣柜在设计时建议多做层板, 方便取放

常用的抽屉不宜做得太低, 以免老年人蹲下取物不方便

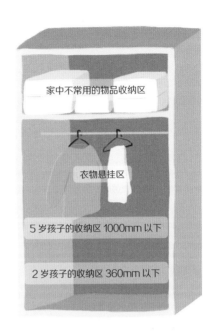

儿童： 就儿童的衣物而言，通常也是挂件较少，叠放较多，最好选择一个大的通体柜，上层挂件，下层空置，方便随时打开柜门取放和收藏玩具。

支招!

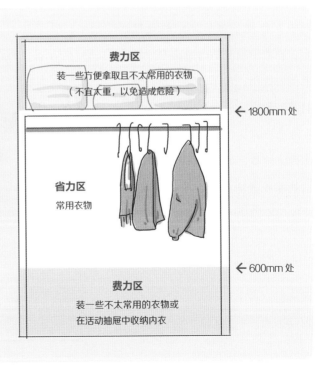

根据使用频率规划，衣柜不同区域的高度： 人在完成蹲下、伸臂和正常拿取 3 个动作时，第二段是最省力的区域，因此柜子也可以按照使用频率分为 3 个区域，其中低于 600mm 的区域，需要弯腰或蹲下才可以拿出物品。

不同材质的收纳用具，对应不同类别的物品收纳

　　家居中的装饰材料很多，作为收纳用具的材质也多种多样，不同材质的收纳用具，因其特征属性不同，在家居中的收纳方位，与适合的收纳物品也不同。因此，合理运用这些材质的收纳用具，不仅可以令家居空间更加整洁，也能在一定程度上令家居空间显得更加美观。

1. 塑料收纳箱的运用

　　塑料收纳箱几乎是每个家庭的必备收纳工具，有的塑料箱还可以当作凳子或是儿童的玩具车，在收纳物品的同时又发挥了其他的作用。为了节约空间，塑料箱一般立体放置，也可以置放在床底或家居中的角落。如果怕东西不好找，可以将该箱所容纳的物品拍成照片贴在箱子侧面，也给居室增添些生活情趣。

适合收纳的物品：卫浴用品、玩具

适用环境：浴室、储物间

优点：成本低、耐用、防水、质轻

缺点：易燃

特别提醒

选择塑料箱子时，最好选择有质量保障的品牌，另外闻一闻有没有奇怪的气味，劣质塑料产生的有毒气体对人体有害。

2. 纸质收纳盒的运用

纸质收纳盒因为怕负重、怕水，所以最适合盛放办公用品，或是一些发卡之类的小玩意儿，轻巧的质感既透气又防尘，也便于打理。虽然市面上有非纸质的收纳盒成品，但不少主妇还是喜欢DIY纸盒，选择漂亮的包装纸折成各种富于变换的造型，每个纸盒贴上一个小小的标签，既美观又实用，这也是关爱家的一种方式。

适合收纳的物品：文具、文件、小玩意儿等

适用环境：书房、卧室、客厅等干燥的地方

优点：轻巧、成本低、图案丰富

缺点：不能负重、怕水、密封性欠佳、易损坏

特别提醒

纸制收纳盒质地柔软、易破，所以尽量放在一个位置不动，频繁挪换容易造成损坏。

特别提醒

爱干净的人喜欢每天对家具进行擦拭，但擦木质家具的抹布千万不能用热水、碱水或者消毒水冲洗，更不要接触到酒精、指甲油等腐蚀性物品，这样会破坏家具表面的漆。

3. 木质收纳家具的运用

木质的书架、搁架是常见的收纳家具，通常承载那些可以用来展示的物品。除了实木家具外，现在很多板材家具更适合作为收纳型家具，其不易变形、可塑性强、无须养护等优点，可以大大降低收纳的成本。此外，木材还有环保、亲近自然的先天特点，且现在木质搁架单调的样式也早已改观，在外形、色彩上具有令人惊喜的新选择。

适合收纳的物品：文书、工具、小物件儿等

适用环境：书房、卧室、客厅等干燥的地方

优点：亲近自然、可负重、密封性较好、价格较低

缺点：怕水、怕火，较重，不易移动

4. 布艺收纳用具的运用

布艺收纳用具柔化了室内空间生硬的线条，赋予居室一种温馨的格调，或清新自然，或典雅华丽，或情调浪漫，可随喜好，任意更换。推荐牛筋布作为布艺收纳的首选材质，这种材料更易清洁，花色也更鲜艳。

适合收纳的物品：报纸、杂志、首饰、私密物品

适用环境：客厅、卧室

优点：美观、质地柔软

缺点：易脏

特别提醒 如果选择布艺收纳作为家中的装饰，尽量让色系统一，以降低视觉的复杂度。

5. 玻璃、陶瓷收纳瓶的运用

玻璃、陶瓷材质的收纳用具在厨房里出现得最多，虽然它们有怕摔打的"娇脾气"，但是盛放油脂等调料最为稳妥。由于玻璃成分稳定，所以那些易挥发、易产生化学反应的液体由玻璃制品存放最佳；而陶瓷制品本身具有的艺术气质，让主妇们在选取调料的瞬间就能得到片刻的视觉享受。

特别提醒 厨房是一个装满杂物的烹饪空间，不论是烹饪用具、食品，还是调料、餐具等，收纳时都应该考虑到实用性及安全性。

适合收纳的物品：易挥发的液体以及油脂、调料

适用环境：厨房

优点：密封性好，自身成分稳定，价格适中

缺点：怕摔，易碎

6. 藤编收纳筐的运用

藤编收纳筐具有天然、环保的特性，且装饰感较强，最适合放在开放式的柜体中，不仅可以提升空间的整洁度，还可以为家中带来自然气息。

特别提醒

藤编收纳筐不适合放置在卫浴等潮湿的环境中。因为藤条吸潮后缝隙间容易发霉及滋生霉菌。同时，藤编收纳用品清洗后不能放在阳光下直晒，以免变形、断裂，可放在通风处晾干。

适合收纳的物品：各种零碎小物

适用环境：玄关、客厅、卧室、衣帽间

优点：自然、透气、轻便、环保

缺点：怕晒、怕潮，时间长了容易褪色

/ 专题 /

小体量的收纳单品，好用又节约空间

　　不当季的床上用品、零散的小件衣物以及无处摆放的小饰品都需要一个安身之处。当大型收纳家具无法解决问题时，一些收纳单品就派上了用场。在同一空间里发挥创意巧思，就能瞬间提升空间收纳水平。善用不占空间又有一定容量的实用收纳单品，实现省空间又有效率的聪明收纳。

1. 各类整理箱、整理盒

分层收纳盒：
可放在各种小空间里，并且可以自由排列。在充分利用空间的同时，具有一定的装饰效果，免去了为寻找小物件而翻箱倒柜的烦恼。

书桌收纳盒：
书桌上有很多铅笔、水笔、剪刀之类的小工具，如果全部放到一个抽屉里面，寻找起来会很麻烦，而这种分隔式的收纳盒恰巧可以解决这一难题。

内衣收纳盒：
这种内衣收纳盒可以叠放，不占空间，而且干净、卫生，可以使内衣更加整齐地摆放，需要穿时便可一目了然地找到。

化妆品收纳盒：
可放置于卧室、书房等空间，能容纳多种日常物品，并帮物品归类。而且这种收纳盒选用的材质透明，可以让人清楚地看到里面的收纳物品，更加方便寻找。

坐凳式收纳箱：
既可当坐凳也可方便收纳整理各种杂物，可放在卧室、客厅、书房等空间里。在充分利用空间的同时，还具有一定的装饰效果。

2. 各类挂钩

门后挂钩：

只要有了它，你的腰带、睡衣、穿了一次还不想洗的衣服，就再也不会扔得到处乱糟糟了。

多功能S挂钩：

更坚固耐用，两头分别有塑胶保护层，不会划伤物品，不占用空间。可用在厨房、浴室、室外等有横杆、绳索的地方。

多功能厨房挂钩：

可以悬挂各种厨房用具，方便卫生，耐擦洗，令厨房更加洁净。

3. 各类收纳袋

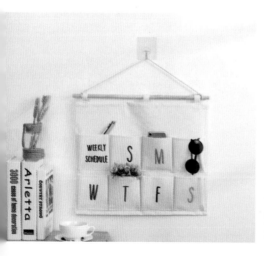

真空收纳袋：

利用大气压把本来膨胀的棉被等物品压扁，隔离外界空气，以节约空间，同时起到防尘、防霉、防潮、防虫的作用。

壁挂式收纳袋：

可收纳饰品、信件或暂时摆放小东西，亦可挂在壁橱或衣橱墙面，将所有小物件收拾得整整齐齐。

4. 各类收纳架、置物架

可伸缩分层置物架：
可伸缩，宽度可自由调节，常用在衣柜、橱柜、浴室柜里面，免钉免胶，不伤害墙面，可以充分利用室内空间，令柜子可存放的物品翻倍。

浴室转角收纳架：
浴室转角收纳架，采用不锈钢和玻璃制成，可防止潮湿，而且还能使地面清洁不留死角，可谓一举两得。

落地式转角收纳架：
墙角形成一个自然的三角区域，在此处放置立式收纳架，收纳区域既宽敞，又非常稳固，可谓是变劣势为优势了。

5. 各类搁板、分隔板

网格架：
北欧和 ins 风家居中的常客，事实上收纳功能一般，常作为照片、小装饰的展示窗口。

墙面搁板：
既可用作厨房碗碟的收纳工具、客厅的 CD架、墙角的扇形搁板、卧房床头的书架等实用工具，还可以是一件靓丽的装饰品。

抽屉分隔板：
可配合抽屉高度自由选择，将多出来的部分折断即可调整长度，这样就可以轻松地分类抽屉内部物品了。

洞洞板：
目前家居中非常流行的收纳"神器"，可以悬挂工具，也可以结合搁板放置瓶瓶罐罐。

Chapter 3

收纳方法
全解析，
杂乱无处遁形

面对家中无法舍弃的必需用品，
掌握简单又有效的收纳方法十分必要。

哪些物品需要归类收纳？
零碎小物一定要藏起来吗？
明明衣柜很大，为什么使用率却很低？

这些看似令人头疼的问题，
只要找到破解的法门，
就可以还原整洁的空间环境，
"杂乱"随之无处遁形。

展示收纳与隐藏收纳相结合，营造视觉舒适的空间环境

　　收纳大致可分成开放型的"展示收纳"和封闭型的"隐藏收纳"两种。使用哪种方法要根据物品种类与收纳空间来选择。例如，不想被看见的东西就用"隐藏收纳"，喜欢的设计单品就采用"展示收纳"。在进行收纳时，只要合理地运用两种收纳方式，就能打造出舒适的家居空间。

1. 常见的开放型及封闭型家具

　　收纳家具大致可以分为柜子、抽屉、挂钩收纳架三种。柜子和挂钩收纳架是开放型以及封闭型收纳都常用到的收纳家具，抽屉则是封闭型收纳的经典家具。

／　不同的空间，在收纳设计上需求各不相同　／

　　客厅：大部分必须考虑到展示功能，因此采用开放式层板，搭配局部隐藏收纳的门板，就能兼顾收纳与展示目的。

　　卧室：若空间较小，善用量身定制的床组下方，规划上掀式或抽屉式收纳，就能增加隐藏式收纳容量。同时结合墙面设置开放式层架、吊架等，让饰品有专属的展示空间。

2. 不同物品要按需选择开放型或封闭型收纳家具

餐具和书籍这类可以排列的物品，适合放在柜子里；衣物这类不想"抛头露面"的物品，适合放在抽屉里；厨房的烹饪器具等经常使用的工具或较长的物品，适合挂在挂钩上。如此配合物品的属性来选择合适的收纳家具，并确保有足够的空间，才是打造简洁空间的关键。

/ **选择合适的收纳方式时，物品的使用频率和外观造型也是重点之一** /

经常使用的物品：一定要好拿好收，利于使用，比较适合开放型收纳。如没有门的收纳柜以及挂钩收纳架，运用的是"摆放"以及"悬挂"形式，方便拿取物品。

▲ 若家中做饭的频率较高，调料适合做展示性收纳

不想被人看到的物品：只要放进有门的收纳柜或抽屉里即可，但依然要避免杂乱，可以将内部隔出夹层，方便整理。

▲ 碗盘等餐具易碎且数量较多，适合做隐藏式收纳

实用且便利的分区收纳法，确保必要场所的收纳空间

构思收纳方法时，最重要的步骤之一就是"分区"。分区是指配合居住者的生活动线，考虑物品与空间的配置。一般在房屋装修时，就要先做好分区规划。在平时的收纳中，要以"在必要场所确保足够的收纳空间"为终极原则。

1. 配合物品特征收纳在最适合的地方

分区规划看起来似乎很困难，但其实我们在生活中早已经下意识地做好分区了。例如，锅碗瓢盆一定会放在厨房，洗漱用品则放在卫浴间等。只要配合家中物品的特征，收纳在最适合的地方，就能令生活更加轻松有序。

列出身边所有物品	**对物品进行分类**	**决定物品的固定位置**
分区的第一步是要了解家里有哪些东西。建议在整理时，把应该收拾的物品清楚地列在纸上，不管多细微都要如实记录。	依照使用情形与场所将清单上的物品分类。只要事先想好哪些物品在使用性质上是类似的，就能顺利地完成分区。	完成分类后，就要确定所有物品的固定摆放位置。一定要让所有物品都放在经常使用的空间。此外，还要制定收纳原则，同类型的物品都要放在一起。

2. 根据不同的家居空间进行分区收纳

家居空间	分区收纳要点
客厅	希望家人如何运用客厅，将决定收纳在客厅的物品品项。要依据空间大小调整物品数量。由于此处收纳的物品较多，也是客人最常待的地方，因此要善用"隐藏"与"展示"收纳
餐厅、厨房	餐厅和厨房要以"方便性"为最高原则。可以依照使用频率分类所有的物品。如果是客、餐厅与厨房打通的空间，目光所及之处一定要保持整洁、美观
卧室、独立空间	主要为收纳衣服、寝具与兴趣用品等个人物品。依照使用频率、物品种类进行分类，并配合家人的个性及生活形态，选择最适合的收纳方式，将物品收纳在最方便取用的地方
卫浴	全家人每天都要在此完成洗漱等工作，因此要将每个人要用到的东西放在这里，不仅要注重方便性，也要随时保持整洁。此外，还必须确保收纳库存品的空间
玄关	玄关收纳的物品又多又杂，包括各类鞋、伞、钥匙等。此处也是最容易被客人看到的地方，可以说代表了一个家的颜面。因此，巧妙地运用"隐藏收纳"并发挥创意收纳精神是十分必要的

常用物品要放在伸手可及处： "重的东西往下放，轻的东西往上放"，这是收纳的基本原则。在规划空间时，首先要考虑的就是"伸手可及处"。"伸手可及处"是指伸手就能拿到或取用物品的范围。这个活动范围相对比较小，一定要严格筛选收纳在此处的物品。这个位置最适宜放置体积较小并且经常使用的物品。同样是"伸手可及处"，大人与孩子的活动范围就有很大差异。家中有小孩时，在孩子拿得到物品的范围内，绝对不要摆放危险物品；相反，在孩子伸手可及处收纳玩具，则能养成孩子自己整理、收纳的习惯。

掌握集中收纳与分散收纳的技巧，提高物品的使用效率

收纳的目的是让物品时刻处在最方便取用的状态。将不常用的物品放在一起收纳，不仅寻找起来便利，而且方便养成将物品使用后立即收起来的好习惯。家庭必备物品则按需求分散收纳，可以更好地提高物品的使用效率。

1.不常用的物品集中收纳

规划一个较大的收纳空间，采取"集中收纳"的方式，摆放电风扇与电暖气等季节性家电，以及一年只用一次的节庆物品，这样会比收在生活空间里要便利。若是毫无章法地收纳在各处，突然要用时会很容易忘记收在了哪里，翻遍家里也不一定找得到。因此，善于运用储藏室与大型置物柜，就能让"集中收纳"事半功倍。

特别提醒

集中收纳要清楚记录物品收纳的位置，必要时可以在收纳的地方贴上标签，这样找东西时就能一目了然。

2.常用物品应配合动线分散收纳

对于日常生活中经常使用的物品，最适合采用"分散收纳"法。分散收纳时要配合生活动线，将物品放在用得到的场所。分散收纳的重点，就是不要受限于思维定式，要根据家人的需要合理收纳物品，比如有人喜欢在客厅使用剪刀和笔，但也有人会在厨房使用；有人外出时容易忘东西，所以可以在玄关处设置柜子，收纳钥匙与外出使用的包，这样出门时就不会手忙脚乱了。

特别提醒

回想全家人的生活动线与日常活动，找出适合每个人生活习惯的收纳场所。与家人充分沟通，确定所有物品的收纳位置，这样就能让生活动线更加顺畅。

/ 扩展阅读 /

不常用物品的收纳技巧

家中不常用的物品主要包括季节性家电、户外用品、节日道具等。这些物品的特征为不会经常使用，只在一个特定的时间段内发挥特定功能。

1. 季节性家电的收纳技巧

季节性家电收纳前要先用塑料袋或布包覆，收藏在壁橱里即可。不同的电器也有不同的收纳方法，如电风扇要卸下防护网和扇叶，水洗彻底风干后再进行收纳；加湿器、除湿器则要先倒掉水箱里的水，并且清洗干净后再进行收纳。

2. 户外用品的收纳技巧

户外用品使用时容易黏附泥土、灰尘等物，最好养成用完立刻清洁的好习惯。如帐篷和睡袋若是弄脏了，可用温水稀释中性清洁剂，在较大的盆或浴缸内按压清洗，清洗干净后放在通风良好的地方风干，之后再放入透气性较好的袋子里进行收纳。点火类用品则可以用蘸湿的软性海绵擦拭，晾干后再进行收纳。

3. 节庆道具的收纳技巧

在节庆过完后对节庆道具进行收纳：端午节的鲤鱼旗、人偶，儿童节的玩具，圣诞节的圣诞树等物品都要在节后尽快收好，为保证道具干爽，最好选择晴朗的天气进行收纳。收拾完毕后，要放在阳光不直射的通风处，这样就能避免虫害的威胁。

节庆道具一定要注意防虫、防潮：节庆用品等一旦接触到防虫剂，就有可能腐蚀、变形，因此最好避免直接接触防虫剂。另外，收纳节庆用品的盒子要避免阳光直射，并放在湿气不大的地方保存，如壁橱或衣橱的上层。需要注意的是，要偶尔拿出来通风，但也要避免过度干燥。

收纳步骤：

① 用鸡毛掸子掸掉附着在道具上的灰尘。

② 以柔软的干布擦掉金属零件或涂层上的指纹。

③ 用没有油墨的柔软纸张包覆，收纳在大小合适的盒子里。

④ 若将若干节日道具收纳在一个盒子里，为了避免物品碰撞受损，最好塞进纸张隔开，并放入适量的防虫剂。

衣物折叠整齐，有效降低收纳空间的占有率

很多收纳达人能把杂乱无章的衣柜、抽屉、吊衣架整理得像室内设计杂志中所展示的图片那样精致整洁，不但一目了然、有条不紊，而且分类清楚，便于寻找。其实，要拥有这样赏心悦目的衣柜并不难，只要学会分类和折叠的方法就能轻松做到。

1. 掌握折叠衣物的方法

衣物的叠法多种多样，但是基本的原则只有一个，那就是根据放置空间的大小折叠整齐。

基本收纳：将衣物紧密叠起的关键是避免皱褶，衣领子周围不要有折痕，把衣物向后折叠，根据放置空间的大小决定最终宽度，将两端折叠再对折一次或两次都可以。

小空间分区收纳：将衣物放进固定尺寸的收纳盒或抽屉里，配合抽屉的宽度和深度收纳，收纳量会比基本收纳放得更多。

圆筒折法收纳：把衣物卷起来摆好。在同样大的空间内可以放入多出一倍左右的衣物。而且卷起来的折痕都是弧线，没有角度，所以衣物不会变皱。

▲ 此种收纳形式，适合衣物不多的单身男性，或儿童

▲ 适用于夫妻双方共用衣柜，或大衣柜的分区不是很合理的情况

▲ 结合卷折板进行收纳，不仅能提升收纳量，同时拿取也很方便

① 不常穿衣
　物的收纳

② 常穿的上
　衣、衬衫
　都可以这
　样收纳

③ 衬衫、裤
　子也可以
　挂起来

④ 内衣要有
　专门的收
　纳盒

2. 不同单品的收纳秘诀

上衣收纳：上衣不论厚薄，其收纳方式大体相同，可参考普通衣物的折叠方法，找到合适的位置进行收纳即可。

衬衫收纳：如果确定了摆放的位置，就可以根据位置的大小来确定衬纸尺寸，重叠放置的时候，在领口放入衬垫物，可将上下两件衬衫交错放置，保持厚度一致，这样收藏量也会提高。

裤子收纳：将需要收纳的裤子熨烫平整，之后将后裆或前裆提起，对折腰头，两只裤腿对齐，再从膝盖处对折再对折即可。

文胸收纳：收纳文胸时，不要乱挤成团，可以参照内衣店铺的摆放方法，保持其原形小心叠放，这样可以维持文胸品质，防止变形。另外，最好买一个专门的内衣收纳盒，把文胸以由浅色到深色的方式排列，这样挑选时也会很方便。

内裤收纳：建议单独存放，可购买蜂窝状的内裤收纳盒。袜子的收纳也可以参考此种收纳形式。

Chapter 4

从设计到产品，多维度破解家里的收纳难题

生活中，
我们既离不开满足基本需求的实用小物，
也无法抗拒可以提升幸福感的品质美物，
当然，那些保留回忆的珍贵物件，
也理应小心保存。

如何将这些缠人的"小东西"合理地进行安置？

需要我们从设计源头就为其考虑容身之所，
或者找到匹配的"容器"与其和谐相伴。

破解家中的收纳难题，发散思维才是王道！

客厅收纳

客厅在家庭中集会客、视听、休闲于一身，人们赋予客厅的重任越多，其堆放的物品就越多。尤其像遥控器、报刊书籍、零食等各类杂物，如果没有合适的收纳区域，整个空间就会显得十分凌乱。因此，客厅中往往摆放茶几、边几等家具来对空间中的物品进行收纳。需要注意的是，客厅作为活动最多的空间，地面的动线十分重要，尽量不要在地面上摆放任何除必要家具以外的杂物。

1. 常见的收纳物品与收纳家具

确认客厅中需要收纳的物品

视听用品：如电视、音响、机顶盒等，以及周边辅助用具，如各种遥控器等

零食：主要用于休闲、聚会时消磨时光

书籍、杂志：没有书房的家庭，往往会将书籍存放在客厅，有时也会将可以躺在沙发上翻阅的书籍收纳在此

个人的喜好及纪念用品：如 CD、照片、儿时珍藏等

各类需要保留的纸质物品：如电器的使用说明书、票据等

全家人都会用的生活必备品：如药品、指甲剪等

找出客厅常见的收纳方位

电视背景墙、沙发背景墙：是可以大面积利用的收纳空间，定制收纳柜和设置搁板都十分有效

沙发周边：沙发的下面、旁侧等小空间都是可以挖掘的收纳空间

飘窗：结合飘窗定制可以提供收纳功能的木制沙发座，平时还可以坐在上面休息

找出客厅中常见的收纳器具

收纳凳：
可以收纳客厅中不常用的杂物，换季的小物件等也能收纳于其中

成品电视柜：
体量小巧，收纳功能并不强大，主要用来放置视听产品

定制电视柜：
整面墙的电视柜，可以为客厅提供超大容量的收纳空间

带有收纳功能的茶几：
用来存放看电视时吃的零食，或者各种遥控器

搁板置物架：
客厅墙面收纳的好帮手，主要为居室营造视觉美感

2. 客厅收纳的有效方式

　　大家具搭配小物件的收纳方式：在收纳位置的安排上，千万不要把分好类的东西都堆在一处，要解决客厅空间有限和收纳物品过多之间的矛盾，就要学会有技巧地储物和收纳。需要对客厅的布置规划有一个基本的思路：合理选择和放置电视柜、书柜等大件家具，并充分利用它们来进行物品储藏；同时也可利用小件的储物工具配合大件家具以增大空间的使用率。

▼　在电视柜旁放置一个透明柜用来收纳心爱的手办，为空间增添了装饰功能；单人座椅旁边的藤篮则为一些零碎小物提供了有效的收纳场所

▲ 电视柜收纳设计图示

① **高部柜**：适合放置一些不常用的季节性小家电，如风扇、暖风机、加湿器等；或者换季的被褥，也可以放置一些节庆道具

② **中部柜**：适合放置平时看的书籍以及一些适合展示的爱好品，如 CD 或手办等

③ **中部柜格**：适合放置机顶盒等小型的视听辅助用品

④ **下部抽屉**：适合放置全家人共用的小件物品，抽屉最好做分隔处理

⑤ **下部柜**：适合结合收纳单品来存放各种票据，以及存放影集等有纪念意义的物品

Q 客厅中各种电器的电线全集中在电视柜后方，显得很乱怎么办？

/ 设 计 解 救 /

装修时，在水电改造阶段，就需要提前规划好电视线路的位置，在墙面进行开槽，并将需要用到的线路进行预埋处理。规划线路时要考虑全面，网线、电话线也应提前布置好。除此之外，还要尽可能多地预留一些插座。值得注意的是，不让电线露在外面的关键是需要一根 50mm 的 PVC 的穿线管。在悬挂电视位置的后方开洞，一直开到插座处，将 50mm PVC 穿线管整体埋进去，然后在穿线管的出口周围设计插座。

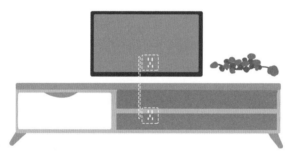

/ 产 品 解 救 /

如果装修前期没有规划电视线路，可以准备几条绑线带或理线带，将这些线整理好，捆绑在一起，藏到电视机后；或者购买收纳盒、装饰遮挡板等将线收纳起来。

▲ 装饰遮挡板

▲ 电器线路收纳盒

▲ 理线带

问题 2

 Q 遥控器用完随手一扔，等再看电视时总也找不到，要如何避免？

/ **产 品 解 救** /

　　客厅中的遥控器远远不止电视遥控器一个，电视遥控器、空调遥控器等都会出现在客厅中。一般情况下，我们会将遥控器的收纳位置定位在茶几上，拿取方便。但不建议选用遥控器专用立架，占用茶几使用空间不说，也很少有人会按照设定的格子放置遥控器，最终往往不是遥控器找不到，就是把遥控器随手扔在了茶几上，解决不了收纳问题。实际上，遵循简单收纳的思维，只需在茶几上放置遥控器的托架或托盘即可，可以随手放置，又为遥控器找到可以指定收纳的位置。

　　此外，还可以在沙发扶手处搁置一个布艺收纳袋，存放遥控器等小物件。虽然这种收纳袋也被进行了分隔，但与遥控器专用立架不同的是不会占用空间，并且位置隐蔽，使用完后随手插入也不会显得凌乱。

🖐 不推荐

👍 推荐

▲ 限定性较强，收纳不顺手

▲ 符合随手收纳的习惯　　▲ 位置隐蔽，可随手放入

Q 看电视时喜欢吃零食，但堆满的茶几显得家里十分凌乱，该如何解决呢？

/ 设 计 解 救 /

选择一款带有收纳功能的茶几就可以满足既能在看电视时吃零食，又能保证家中整洁的需求。这种茶几的收纳功能甚至可以与收纳柜相媲美，多抽屉的形式可以分门别类储存很多零食。但如果喜欢北欧风的圆形尖腿小茶几，则不妨配置一个带有储物功能的收纳凳，将零食收纳在此，拿取也十分方便；或者在沙发、茶几的空余空间放置收纳筐、收纳盒，都可以很好地解救零食收纳问题。

◀ 带有收纳功能的茶几既能存放零食，也十分美观

除了选用体量略大的家具之外，也可以在茶几上摆放一些糖果收纳盒、零食罐等，不仅满足了收纳需求，也可以成为空间中很好的装饰物，一举两得。但需要注意的是，数量不宜过多，且风格要与整体空间保持一致性。

▲ 利用收纳筐和收纳凳盛装零食，保证家中的整洁

▲ 形态丰富的零食储存器皿

问题 4

Q 如何让大量的书籍、杂志成为家中最有格调的装饰，而不会显得乱糟糟？

/ 设 计 解 救 /

由于房间的限制，有些家庭会将书房与客厅的功能进行合并，因此客厅会有大量的书籍等需要进行收纳。在室内规划之初，可以避免将沙发靠墙摆放，利用沙发后的墙面打造一个开放式书架，或者利用电视墙打造开放式书架也可。

❶ 集书柜与书桌为一体的沙发背景墙面，使用功能更丰富，有藏有露的形式提升了空间的整洁度

❷ 利用部分电视背景墙的空间，设计开放式书柜，解决了书籍的收纳难题

/ 产 品 解 救 /

若家中的书籍、杂志数量并不是特别多，则可以在沙发旁边摆放小型的开放式书柜，既方便拿取，又不会占用过多的空间。

❶ 在沙发旁边的畸零角落摆放一个小体量的开放型小书柜，方便日常阅读书籍，也可以作为沙发边几使用

问题 5

Q 有在沙发上看报纸和杂志的习惯，看完后怎样收纳才能保持空间的整洁度？

/ 产 品 解 救 /

可以在沙发旁侧设置一个小型收纳家具，专门放置随时会拿起来翻看的报纸或杂志。与书籍不同的是，杂志和报纸的尺寸较大，因此要考虑收纳家具的深度。也可以把随时翻看的杂志和报纸放置在电视柜、茶几的空格处，或者在茶几上放置一个高颜值的杂志收纳架。

但由于报纸和杂志具有一定的时效性，并不需要全部保留，因此应及时将不需要的报纸和杂志处理掉，而一些有纪念意义的旧报纸或杂志，则可以整理起来放置在客厅的储物柜里。

▲ 在沙发旁边的空余角落摆放一个小型收纳柜，抽屉里可以放置一些值得收藏的报纸

❶ 可以放置报纸的区域

◀ 在沙发旁放置一个造型简洁的收纳柜，不会占用太多空间，看完的报纸也可以随手放置

Q 买回来的药品在家里散乱得到处都是，该如何收纳？

/ 产 品 解 救 /

　　可以专门设定一个抽屉作为家中常备药的存放处，并在抽屉中利用分隔板将不同的药物区隔开来。在分隔板的两旁可以用标签纸写上药品的名称和功用，这样才不会突然忘记药物的药性。另外，也可以利用各种药物箱进行药品收纳，同样要标记上药物的名称。若有特殊药品，如可引起某些家庭成员过敏的药品、有毒性的药品等，应单独存放在药箱一角并做明显标记。家里若有小孩，药箱则应置于儿童不能触及处。

▲ 用隔板分隔抽屉，药品明细一目了然，方便拿取

▲ 用一个专门的药品箱存放药物，放置的位置可以更加灵活

Q 想把心爱的盆栽或装饰摆件放在客厅里，要如何解决它们的
容身问题？

/ 设 计 解 救 /

　　看似是高深的设计问题，实际上也是简单的收纳问题。可以在装修之初，打造一面饰品墙，既解决了装饰摆件和盆栽的收纳问题，同时也提升了室内空间的装饰美观度。需要注意的是，在摆放时要注意物品的疏落有致，切不可形成堆砌，令人觉得拥挤。

▲ 饰品墙不仅能解决绿植的存放问题，也为居室带来了良好的装饰效果，提升了居室的"颜值"

/ 产 品 解 救 /

▲ 对称的搁架可以放置众多小体量的装饰物品，也体现出居家生活的品质感

▲ 颜值较高的洞洞板结合小搁架的设计，具有创意的同时，也十分节省空间

可以在客厅的墙面上多做一些收纳搁板，搁板的组合灵活，占墙面积小，同时又能满足墙面的展示需求。需要注意的是，搁板上的物品需要进行细致分类，横向可按物品的种类划分，如工艺品占一边，绿植占一边；纵向按照物品的使用频率划分，最常用的放在最下面，不常用的放在上面，分类做好后，需要长期保持。另外，洞洞板、格子收纳架等，也可以成为盆栽、装饰摆件的容身之所，这些墙面物件可以很好地利用纵向空间。

问题 8

Q 宝宝喜欢在客厅中玩，经常把玩具丢得到处都是，该如何解决？

/ 设 计 解 救 /

❶ 在开放式柜格的底部放置收纳箱，可以将宝宝零碎的玩具收纳在此

❷ 底部柜格的形式可以多样化，如将竖长格区域用来收纳婴幼儿时期的爬爬垫

对于有宝宝的家庭，除了在儿童房中为孩子开辟玩耍的区域外，客厅往往也会成为孩子玩乐的场所。在新房设计之初，最好在客厅中提前规划宝宝相关物品的收纳区域，比较常见的方式是设计一面收纳功能强大的电视墙，并在底部设置抽屉或开放式柜格，从小培养宝宝将不玩儿的玩具放到指定区域的习惯。

/ 产品解救 /

▲ 客厅中选择了一款带有储物功能的藤制茶几，非常方便移动，同时也为孩子的玩具找到了合适的安身之处

▲ 造型简洁的茶几可以轻松移动，为宝宝提供不受阻碍的玩耍区；同时，定制电视柜的底部设置了抽屉，可以将宝宝的玩具收纳在此

婴幼儿时期的孩童往往需要面积比较大的区域用来爬行、玩耍，因此客厅中的茶几最好选择轻便的款式，孩童在此区域玩耍时，可以轻松地将其挪开，同时不会妨碍日常生活的使用。此外，还可以考虑选择带有储物功能的轻便型茶几，实用功能更强。

Point 2

/

餐厅收纳

餐厅是一家人享受美食的地方，既要保证干净整洁，也要拥有完美的装饰。餐厅相对于客厅、卧室等空间，需要收纳的物品相对较少，一般一个餐边柜就可以搞定所有收纳问题。除此之外，餐厅还可以运用一些富有创意的方法来解决收纳问题，如利用墙面进行收纳，这样的方式可以为家居空间多带来一些亮点。

1. 常见的收纳物品与收纳家具

确认餐厅中需要收纳的物品

方便用餐的物品： 如可以在用餐时随时拿取的杯盘碗盏、餐匙刀叉等；或者用餐时经常用到的调料

缓解厨房收纳压力的物品： 能随时取用的小电器、锅具等，如吃火锅专用的电火锅，吃烤肉专用的电饼铛等

怡情物品： 如可以用来小酌的红酒、洋酒等，以及各种酒杯

找出餐厅常见的收纳方位

餐厅墙面： 可以设置搁板或设计壁龛来完成小物件的收纳

餐桌周边： 可以在餐桌周边适合的位置放置一些辅助的收纳小家具

找出餐厅中常见的收纳器具

搁板架：
形式多样，是为餐厅墙面提供收纳能力的好帮手

餐边柜：
若空间面积足够，摆放餐边柜是缓解餐厅收纳压力较好的选择

酒柜：
有品酒爱好的家庭，定制酒柜最能解决收纳问题

卡座：
卡座可以结合收纳来定制，非常适合放置随取随用的小家电和锅具

2. 餐厅收纳的有效方式

餐边柜的形式，决定了餐厅的整洁度：解决餐桌覆盖率过高的问题，最简单的方法就是选择一款合适的餐边柜。但在选择的时候，一定要注意两大问题，首先餐边柜的使用率一定要高，其次餐边柜的摆放位置一定要合理。

✋ 不推荐

摆放位置合理：将餐桌和餐边柜呈"T"字形摆放，可以营造一个餐桌和餐边柜"零距离"接触的方式，拿取顺手，在一定程度上缓解了餐桌的置物压力。

👍 推荐

使用率高：有些家庭虽然在餐桌旁摆放了餐边柜，但由于收纳区使用起来不方便，久而久之餐边柜的表面也变得杂乱起来。例如，有些餐边柜里面只设置了一两块层板，但由于餐厅常用的物品多为小尺寸，采用层板收纳容易造成"前后堆叠"的现象，使用起来并不方便。

▲ 定制的岛台柜具备了餐边柜的功能，合理的设计形式，令日常用的餐盘等收纳更顺手

▲ 餐厅酒柜收纳设计图示

❶ **中高柜：** 在聚焦视线的位置摆放一些好看的餐盘，美观又实用

❷ **中部柜格：** 专门放置常喝的红酒的区域

❸ **中部抽屉：** 适合存放开瓶器以及备用的刀叉等小件物品

❹ **中部柜：** 在方便拿取的位置，专门规划出一处可以放佐餐调料的区域

❺ **低柜：** 可以放置一些能够随时拿取的锅具、小电器等

Q 筷子、汤匙等常用餐具用时要跑到厨房取，很麻烦，怎样在餐厅就能便捷地拿取呢？

/ 设 计 解 救 /

可以在餐厅备一些常用餐具，避免用餐时临时需要，去厨房拿取的麻烦。装修之时，可以考虑在餐厅的墙面设置搁板，将一些常用的餐匙刀叉、杯盘碗盏等摆放在此。但需要注意的是，搁板的承重有限，摆放的餐具一定是真正常用的，切忌不可过多、过重。另外，最好选择色彩淡雅、造型统一的器具，这样才能有效避免视觉上的杂乱感。

▲ 造型简洁的搁板，存放餐具的能力却不容小觑

❶ ❷ 可以放置餐具的区域

▲ 既可以将餐具放置在柜体中，也可以放置在收纳箱中；建议将常用的餐具放置在中部或靠下的柜体中，拿取比较便捷

若喜欢更加整洁的收纳方式，可以考虑墙面柜，这样的柜体制作简单，也能在一定程度上缓解餐桌压力；或者在设计之初打造嵌入式柜体，但需注意深度以 35cm 为宜。这些设计形式十分适合餐厅面积有限的家庭。

/ 产品解救 /

有能力摆放餐边柜的家庭，设置餐边柜再好不过。餐边柜选择的形态可以多样化。例如，开放式的餐边柜不仅可以更加方便主人取用餐具，同时合理的摆放、收纳方式，还能够使其成为家中的装饰；封闭式餐边柜则收纳起来更加便捷，只需将餐具摆放整齐即可。但无论何种餐边柜，最好都选择多抽屉的款式，可以更好地收纳杂物。同时，餐边柜和餐桌的摆放形式也十分有讲究，"T"形布局在收纳的便捷性上要比"平行式"布局有效得多，"零距离"的拿取方式，省时又省力。

▲开放式的餐边柜，摆放上色彩多样的餐具，极具装饰效果

▲与餐桌呈 T 字形摆放的餐边柜，拉开抽屉就能拿取日常用的餐具，十分便捷

简单易操作的篮筐收纳法：可以在餐桌或餐边柜上放置一个小型篮筐，将常用的筷子、汤匙等放置在此。用完之后，在篮子上盖一块长布，不必担心灰尘污染餐具。由于篮子和布是放在餐厅显眼的地方，购买时最好考虑一下外观。或者将盛装餐具的篮筐放入抽屉或柜子中，用时将整个篮筐拿出来，同样很省功夫。

问题2

Q 进餐时需要经常用到的调料想放在餐厅，有好的收纳方法吗？

/ 设 计 解 救 /

对于"懒癌"患者，若想日后方便，就要在设计之初考虑到位。不妨充分挖掘餐厅墙面空间，在餐厅墙面设置几个壁龛，专门放置常用调料，或者定制一个小型收纳格，将调料摆放在此，都能满足拿取、收纳双重便捷的需求。

▲ 在墙面悬挂一个造型简洁的收纳格也是不错的方法，但要注意收纳格的稳定性

▲ 墙面的壁龛和小窗台上都是可以放置常用调料的好地方

特别提醒

进餐时，常用的调料放在餐桌附近更加方便。酱油、盐、胡椒这些在常温下保存的进餐必备调料，可以放在餐桌上，手一伸就能拿到它们了。不仅调料，喝咖啡用的砂糖、牛奶、咖啡勺等也都可以根据自身需要放进收纳篮里。总之，取用方便就是最好的收纳。

Q 喜欢在家吃火锅、烤肉，但厨房的收纳空间有限，锅具能否收纳在餐厅中？

/ 设 计 解 救 /

实际上，日常烹饪中不常用的锅具是非常适合收纳在餐厅中的，既能缓解厨房的收纳压力，也可以很好地缩短拿取动线。在餐厅中，定制整墙式的收纳柜是解救锅具存放的好办法；也可以设置箱体卡座，将涮火锅用的锅具、烤肉用的器具，或是野营时用的烧烤架等放置在此。另外，对于大多数没有西厨的中式家庭来说，将微波炉、烤箱、多士炉等小家电收纳在餐厅中也非常适宜，热完或烤制完餐品后就可以直接上桌享用。

❶ ❷ 卡座下面和定制收纳柜都可以用来存储锅具

❸ 在定制的搁板架上放置微波炉，加热餐食更加方便

Q 有在家小酌的习惯，红酒及酒具该如何进行收纳呢？

/ 设 计 解 救 /

对于有品酒习惯的家庭来说，在餐厅定制大容量的酒柜是最佳的解救方案。大容量酒柜不仅可以为酒品和酒具找到合适的容身之所，还能满足一些其他用餐器具的存储问题。或者可以在餐厅与厨房、餐厅与其他空间的合适位置设置一个吧台，特意定制可以存放红酒的格子，既解决了红酒的存放问题，同时还十分具有艺术感。

▲ 大容量的收纳柜，可以很好地解决酒品的收纳问题

▲ 利用吧台结合红酒架的设计方式，可以提升空间的品质感

/ 方法解救 /

由于红酒杯的结构，想要合理收纳还真是一件让人头疼的事情。很多家庭在收纳红酒杯时，都是将杯口朝下放置在橱柜、抽屉中，由于不可摞叠，既占用空间，又令红酒杯的装饰价值大打折扣。其实，我们不妨借鉴一下酒吧对于红酒杯的收纳形式，将红酒杯挂起来。可以在定制酒柜时，将其思路考虑进来，设置专门倒挂红酒杯的区域。或者购买可以倒挂红酒杯的架子，这样非常节省空间，同时又具有很强的艺术装饰性。

▲ 将红酒杯挂起来，不仅节省空间，也具备一定的装饰性

卧室收纳

卧室是放松身心的地方，因此整洁、舒适是其主要的诉求。卧室在收纳方面要做到不杂乱，物品使用起来要便捷。卧室中放置的往往是较大的衣柜和床组，如何充分利用这些空间，放置更多的物品，是解决收纳问题的关键。

1. 常见的收纳物品与收纳家具

确认卧室中需要收纳的物品

衣物：一年四季需要穿的衣物，如外套、裙装、普通下装、上装、内衣、袜子等

配饰：包括帽子、围巾、领带、皮带、包包等

床上用品：包括床单、被罩、被子、枕头等

其他物品：包括旅行箱，睡前书籍等，有梳妆台的卧室，应考虑一些美妆用品的收纳

找出卧室常见的收纳方位

睡床周围空间：可以充分挖掘床头、床尾、床下的空间来进行收纳

飘窗或榻榻米：适合空间有限的家庭，可以提升收纳容量

找出卧室中常见的收纳器具

各种辅助收纳用品：
卧室收纳的物品较零碎，
可以充分借助不同的收
纳神器

大衣柜：
形态多样化，是卧室最主要
的收纳用具

衣架：
可以用来收纳一些日常穿
的衣物以及次净衣

带有储物功能的睡床：
可以辅助缓解衣柜的收纳压力，是
小卧室首选

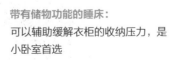

2.卧室收纳的有效方式

　　巧妙利用床头空间进行收纳：卧室的床头空间是增加收纳的好地方，可以制作悬空柜体，既不会占用地面面积，也可以省出不少空间。另外，也可以设置多层搁板来实现密集收纳。如果搁板的进深小，最好选择同一尺寸的物品存放，让利用率最大化；如果进深大，则可根据实际需要随意调整，以满足更多的收纳需求。

▲一体化衣柜和书桌的设计形式为空间提供了更多的使用功能

　　一体化衣柜＋书桌设计：可以将衣柜与书柜进行一体化设计，书桌空间往上延伸可利用搁板解决零碎物品的收纳和陈列问题。这样做不仅节省空间，同时整体性强，但需要根据不同户型进行定制。

▼利用床头空间定制吊柜，可以收纳一些换季的被褥和衣物；床头平台式设计则可以摆放一些装饰物或临睡前阅读的书籍

▲ 衣柜收纳设计图示

❶ **高部扁柜格**：利用挂衣杆上方空间，可放置帽子、手包等不宜压折的物品

❷ **中上部柜格**：挂衣杆长度及固定位置可调节，可将长短款衣服分开挂置

❸ **中部大抽屉**：可放置折叠衣物

❹ **下部大柜格**：可存放收纳盒等大件物品

❺ **下部挂杆**：挂置西裤等

❻ **右侧边柜**：可设置活动层板，上部可叠放衣物，下部则放置收纳盒

Q 有时会在卧室看书，但是看完之后总是没有地方放，该如何解救？

/ 设 计 解 救 /

许多人都有睡前读几页书的习惯，因此可以充分利用床周边的空间来收纳书籍。例如，可以在睡床的两侧专门设计放置少量书籍的空格，或是在卧室背景墙面钉上几块搁板，放一些喜欢的书籍或者小玩意儿，方便实用，还有很好的装饰作用。也可以定制一个带有开放式书格的榻榻米……以上都是非常有创意的收纳方式。

❶ 紧邻睡床的带储物格的收纳柜设计，可以满足临时放置喜爱书籍的需求

❷ 利用墙面搁板来收纳一些临睡前阅读的书籍，充分利用了墙面的纵向空间

❸ 带有书格的定制榻榻米，仿佛一个躺着的小书柜，收纳量可观

/ 产 品 解 救 /

▲ 利用小型储物柜来收纳书籍

▲ 利用开放式的床头柜收纳书籍

可以利用床头柜进行书籍的收纳，最好选择带有储物格的款式，或者直接用书籍代替装饰品放置在床头柜的柜面上。但无论哪种形式，都不宜放置过多的书籍，而是放置几本当下会看的书，等阅读完之后再换成其他书籍。

Q 卧室床尾的空间较大，该如何进行合理的收纳利用呢?

/ 设 计 解 救 /

如果卧室比较狭长，可以在床尾对面的墙面做定制大衣柜，同时对柜内空间进行合理分区，保证衣物用品可以整齐地收纳规划。需要注意的是，收纳柜和床尾之间要留有适当的距离。如果需要在站立时拿取衣物大致需要预留 60cm 的空间，若有抽屉的衣柜则最好预留出 90cm 的空间。

❶ 床尾到衣柜之间要预留足够的取物空间

/ 产 品 解 救 /

选择一款床尾带抽屉的床，收纳一些卧室中会用到的零碎小物，或者将平时阅读的书籍、杂志等存放在抽屉中。也可以在床尾摆放一个带有收纳功能的床尾柜，或者开放式的格子柜，通过搭配储物筐来收纳一些杂物。

▲ 床尾凳与收纳箱组合的形式，既可以临时放置第二天需要穿的衣物，也可以放置日常穿的睡衣

问题 3

Q 卧室很小，只能容下基本家具，储物量严重不足，怎样才能解决衣物不够放的问题？

/ 设 计 解 救 /

前文曾经介绍过，对于小户型的家庭，最适合做储物功能强大的榻榻米。同时将榻榻米和衣柜连起来设计，省掉了通道，将寸土寸金的空间完全利用。家中的衣服和被褥等物品都有了容身之处。

▶ 大容量的榻榻米，可以解决换季衣物的存储问题

▲高箱床是榻榻米的最佳替代品

/ 产 品 解 救 /

如果一开始没有规划做榻榻米，那么带有收纳功能的高箱床，是最适合缓解卧室收纳压力的家具。可以将一些换季衣物收纳在此，而卧室中的小衣柜只作为日常衣物的存放处。

Q 家中的大衣柜只有几个搁板，且每层之间都很高，收纳的利用率太低怎么办?

/ **产 品 解 救** /

可以先利用伸缩撑板分割层高过高的衣柜，再添置尺寸合适的收纳盒，把分割后的小空间改造成"抽屉"，再将衣服卷起来或叠成小方块，立着收纳在"抽屉"里，这样做可以令分区不明确的大衣柜利用率提高。另外，在立着收纳衣物时，有时也会出现觉得拿取不方便的情况。这时要检查一下是不是衣物装得太满了，一般收纳到七八分满即可，这样衣物之间留有一定的空间，方便拿取和调整。其次，可以借助分隔板在抽屉或者收纳筐内做一下区隔。

第一步：设置伸缩撑板

第二步：放置合适的收纳盒

可选加装收纳盒

▲ 除了抽屉式的收纳盒，还可以选择悬挂插卡式的收纳筐，利用这种收纳筐，主人可以根据柜内空间自行规划分区方式和悬挂深度，同时比较方便抽拉

备注：如果加了伸缩撑板之后放不下收纳筐，则可以直接在伸缩撑板上放衣服，但放置的衣服不要太多，要保证抽取过后的整洁度。

问题 5

Q 夫妻共用一个大衣柜，一年四季的衣物都要在此进行收纳，怎样整理最有效？

/ 方 法 解 救 /

衣柜的内部结构设计一定要合理，同时做好分区。例如，将左右两边分别设置成男女方各自的储衣空间。男方的衣柜分区主要考虑衬衣、领带和西裤的存放区域，因此要有挂衬衣的横杆、收纳领带的分隔抽屉，以及可以方便拿取裤子的多功能伸缩裤架等。女方的衣柜则要考虑设置悬挂长裙、大衣的尺寸空间以及放置内衣的抽屉柜。

另外，在规划季节性衣物存放的分区时，最好可以预留出一个较大的区域，将换季的衣物用真空收纳袋压缩后，整齐地进行码放。但需要注意的是，高级毛料、真丝衣物这一类易皱而且难以恢复的衣物不适宜用真空压缩袋存放，应该另行规划出存放区域。

▲ 共用衣柜最重要的就是要做好分区

问题 6

Q 父母的衣物，挂件比较少，需要叠放的衣物较多，该怎样设置衣柜的收纳空间呢?

/ 设 计 解 救 /

可以考虑在衣柜中多做些搁板和抽屉，但抽屉的位置不宜过低，应距离地面1m高左右，以免蹲下取物感觉不方便和易疲劳。另外，若条件允许，可以在设计衣柜时，考虑在衣柜上层安装升降衣架。

❶ 方便拿取衣物的升降衣架

问题 7

Q 家中的衣物数量太多，找起来太麻烦，而且很容易变得凌乱，该如何解决?

/ 设 计 解 救 /

首先还是要将衣物进行分类，而且类别越细越好。如先将衣物分为T恤、衬衣、裤装等，然后按照某一属性再进行一次分类，如将T恤按照材质分为纯棉、针织等，或者按照颜色分为白色、彩色等。这样分类的好处是主人可以轻松地定位到某一类衣服，再从中挑选出需要穿搭的款式，同时方便了不同衣物的穿搭，例如，找到纯棉的白色T恤，

▲ 将衣服大致按颜色进行分类，再用篮筐辅助收纳，一目了然、方便取用

可以快速匹配休闲的水洗牛仔裤，省时又省力。

接着，要考虑将分类好的衣物进行分区放置，给每一类衣服都找到特定的收纳位置。因此，可以在衣柜中多设置拉篮、抽屉等。其中抽屉的空间尺寸限制较大，如果收纳的衣物过多，打开又是一团糟，最好购买几个内部储物格，让不同类型的衣物分开，这样条理就能更清晰，抽屉也在一定程度上被扩容了。

问题 8

Q 内衣等小件衣物若和大件衣物放在一起找起来很麻烦，应该怎样放置才合理呢?

/ **产品解救** /

衣柜中若没有专门收纳内衣的抽屉，配备内衣收纳盒非常必要。有了内衣收纳盒，内衣就可以按照由薄到厚、从外到里的顺序排列，罩杯以"自然状态"排列，以保护内衣不变形。同时，像内裤和袜子等也应该专门配备收纳盒。3 种存放不同物件的收纳盒最好选择成套的，这样才能让衣柜显得整齐划一。

收纳盒款：适合放置在衣柜的抽屉中
推荐度：☆☆

组合抽屉款：适合放在衣柜等较大的隔间中
推荐度：☆☆☆

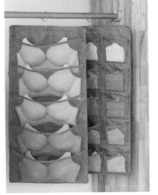

分体组合款：可叠放，也可分开，灵活性高
推荐度：☆☆☆

挂袋款：更节省衣柜空间，但容易受到挤压
推荐度：☆☆

Q 穿过一次还不打算洗的"次净衣",放入衣柜觉得会"污染"其他衣物,该怎么处理呢?

/ 设 计 解 救 /

在了解收纳方法之前,首先要树立一个观念,就是控制这类衣服的数量产生,其次不要堆着放,而是要尽量挂起来。对于空间充裕的家庭,最好能够设置一个专门悬挂这类"次净衣"的衣柜,这样它们就不会跟干净的衣物接触。设计尺寸无须过大,如只设定成可以悬挂5件风衣的宽度尺寸,从而避免这类衣物越积越多。

❶ 可以悬挂"次净衣"的区域

/ 产品解救 /

如果没办法配置专门的"次净衣"存放衣柜，则可以在卧室房门后安置免钉挂钩，悬挂这类衣物，为"次净衣"找个临时处所。或者在卧室的角落处放置一个挂衣架，最好再配备一个脏衣筐，这样在挂衣架挂满后，就要有选择地将这类衣物进行挑选，强迫自己清洗这类衣物。

▲ 开放式挂衣架虽然简单，但实用功能毫不逊色

▲ 门后挂衣钩能有效节省空间

问题 10

Q 被子、羽绒服等大件物品非常占用衣柜空间，要怎样收纳才能解决这个问题？

/ 设 计 解 救 /

大多数家庭会将衣柜上方20 ~ 30cm 的高度用来存放换季的棉被、冬衣等，但是这类衣物打包后，往往很重，抬到衣柜上方比较费力。因此，不妨在卧室较低的区域寻找储存空间。最理想的方式还是设置榻榻米。而对于有飘窗的家庭，则可以定制飘窗柜来进行这类物品的存放。

▲ 这种带有抽屉的榻榻米更好用，将大件衣物真空压缩后，可以收纳于此

/ 产 品 解 救 /

可以用带有滑轮的收纳箱将这类衣物进行储存，之后放置在床底下，或者卧室的角落。另外，可以使用真空压缩袋来进行收纳，可以大大降低收纳空间的占有率。但使用真空袋要特别注意一些问题，如棉被这类的蓬松物品最好不要把空气全部抽完，否则下次使用难以恢复原状，同时影响柔软、舒适度。

▲ 灵活便于取用的滑轮收纳箱

▲ 节省空间的好帮手——真空收纳袋

问题 11

Q 各类包包要怎样收纳，才能既好找又不占用衣柜太多空间？

/ 设 计 解 救 /

对于不同的包包，其收纳方式也有所不同。容易变形的皮革类包，收纳时首先要用报纸或废弃的毛巾填充，然后再放入防尘袋中。女士的小包也可以作为填充物放到略大的包中，这种收纳方式非常适合皮质较硬的女士包，这种方法能够节省收纳时需要的空间。

大型包收纳形式参考

皮包在收纳时最好将其立起来，可以用专门的收纳立架来进行收纳。这样的收纳方式除了能让包立起来之外，还能防止在取出包时带出旁边的包，方便将包取出。包拿出后，位置会空出来，可以帮助提醒用完后的物归原位。

皮包收纳形式参考

帆布包的收纳相对简单许多，因其不容易变形，所以可以自由折叠，也可以将包卷成一卷，然后按照颜色的深浅进行码放，想用时需要用什么色系的，找起来非常方便。大提包最理想的处理办法就是挂起来，适合用中间可以 90° 旋转的 S 型挂钩将大提包侧过来悬挂。

▲ 收纳包包的专用神器

/ 产 品 解 救 /

可以购买专门收纳包包的挂架，充分利用衣柜和柜门的纵向空间，最大化地节约衣柜空间，但在购买时要考虑挂架的承重能力。

▲ 在柜门上安装收纳架

Q 因为工作原因，时常有出差的需求，行李箱该如何放置呢？

/ 设 计 解 救 /

由于行李箱有固定的尺寸，无法硬挤，因此最好在大衣柜中事先规划出放置的区域。但很多没有衣帽间的家庭，很难在衣柜中再预留出多余空间来收纳行李箱。那么就要充分挖掘卧室的畸零空间，找到适合放置行李箱的位置。

特别提醒

如果家中的行李箱尺寸有差异，也可以效仿俄罗斯套娃（大套小）的形式，以求达到最有效率的收纳效果。

▲ 事先规划出行李箱的收纳区域，避免行李箱无处收纳的尴尬

Q 丝巾、围巾等物品很容易与其他衣物缠绕在一起，应该如何存放？

/ 设 计 解 救 /

有些戴穗围巾最好将悬穗部分梳理后再收纳，并将悬穗折向内侧，用透气性良好的薄纸将围巾仔细包起来，放到收纳盒中，这样做既可防止悬穗打结，又可防止其霉变。

▲ 丝巾、围巾专用环形收纳架

/ 产品解救 /

若将丝巾、围巾全部放在没有分区的储物盒里容易缠绕在一起，但分别用衣架挂起来又占地方。不妨选择环形衣架进行丝巾、围巾的收纳，可以将其巧妙分开，方便拿取，又不占用地方。

问题 14

Q 大衣柜中没有专门放置男士领带和皮带的抽屉，要如何收纳这些物品？

/ 产品解救 /

在没有抽屉进行专门收纳领带和皮带的情况下，最好的方式就是将其挂起来，因为卷起来的收纳方式相对比较麻烦。可以购买专门悬挂皮带和领带的挂架，防止领带或皮带滑落。也可以在衣柜内侧安装连续挂钩，用来悬挂皮带扣。因为挂钩可以移动，所以非常方便取放挂在里面的物品。或者在衣柜的拉门上安装挂钩，也是不错的收纳方法。

专用挂架收纳
推荐度：☆☆

侧装挂钩收纳
推荐度：☆☆☆

柜门挂钩收纳
推荐度：☆☆

问题 15

Q 很喜欢买一些小饰品，但又喜欢随手搁置，想戴的时候又找不到，该如何解决？

/ **方 法 解 救** /

购买的饰品一定要尽可能从包装盒里拿出来，再进行收纳。如此方能一目了然，也便于节省收纳面积。可以找一个抽屉，在底部铺上一层绒布，再用抽屉分隔架进行分区，这样即使开关抽屉，饰品也不会移位、受损。或者将一块 10mm 厚的软木板粘在柜门后，然后钉上钉子，用来悬挂细项链。

软木板收纳形式参考

抽屉收纳形式参考

/ **产 品 解 救** /

品类繁多的饰品收纳盒不仅外形美观，也拥有针对不同饰品的分区，无论想佩戴何种饰品都可以快速找到。对于经常佩戴的饰品或小耳环，不妨大方地展示出来，放在精致的小盘子里，亦可成为居家布置的迷人特色。

▲ 形式多样的首饰收纳盒，既可以将小饰品有效收纳，也是角落中上佳的装饰小物

问题 16

Q 美妆用品的种类很多，经常会显得梳妆台上很凌乱，该如何收纳？

/ 产 品 解 救 /

针对美妆用品的收纳盒也比较多见，可以根据室内风格进行选择。同样，若是不喜欢杂乱感，则可以购买不透明材质的收纳盒。

支招！

合理分类美妆用品，令收纳更轻松

将美妆常用品的瓶瓶罐罐按照"大、中、小"分成3类，将体量较高、较大的用品放在梳妆桌的里面位置，中等体量的用品放在其横向延长线上，小体量的美妆用品则放在大体量的前面。在每类物品中，再按照用途把功能相近的产品摆在一起。这样摆完之后，物品之间高低错落有致，不仅产生视觉上的舒适感，找起东西来也很方便。

若觉得这样收纳之后难以保持整洁，则可以考虑把"大、中、小"3类美妆物品分别放置于收纳筐里。出于美观考虑，收纳筐最好选择不透明材质。若是想让美妆用品看起来更加隐蔽，最好选择能够遮挡最高用品70%～80%高度的款式。

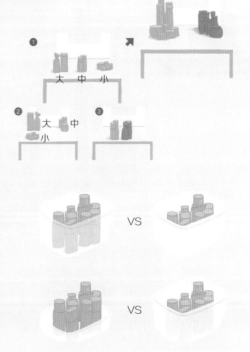

儿童房
收纳

儿童房中的物品很多，如厚重的被子、玩具、换洗的衣物、零碎的小物件等，如果它们没有一个确定的容身之处，不仅占用空间，还有碍观瞻。另外，儿童房中的收纳物件最好具备体积小、方便移动的特点，留出足够的游戏和娱乐空间供孩子玩耍。

1. 常见的收纳物品与收纳家具

确认儿童房中需要收纳的物品

学习用品：如书籍，以及书包、背包等

兴趣班需要用到的相关物品：如画笔、画架、乐器等

玩具：种类非常多样，不同类型的玩具，其收纳方式也有所区分

衣物：一年四季的衣物、鞋袜等

找出儿童房常见的收纳方位

墙面空间：可以整面墙定制收纳柜，其储物量大，稳定性也较高

睡床周围的空间：睡床本身可以作为收纳之用，其上部和下部空间都可以充分挖掘出收纳空间

找出儿童房中常见的收纳器具

书桌：
抽屉能收纳许多东西，桌面上的空间可摆放一些常用的文具和书籍

睡床：
儿童房中睡床形态多样，其中上下床的收纳功能较强大

收纳柜：
令物品一目了然，对于有独特爱好的孩子，这里还可以成为他们的展示架

创意坐凳：
坐凳下部可隐蔽地收纳一些杂物

2. 儿童房收纳的有效方式

家具摆放要尽量提高空间的使用率：对于儿童房的收纳，要尽一切努力提高空间的使用率，给孩子充足的地面玩乐空间。不要让大床占据房间的中心位置；具有多层收纳格的储物柜可贴墙摆放。另外，可以选用开放式的收纳家具，其独特的造型能够吸引孩子的注意力，让他们有兴趣主动进行收纳。

收纳要将生活空间立体化：儿童房中的玩具等物品较多，可以充分将平面的生活空间立体化，如可以将床做高，下面放书桌或衣柜，这样一个空间就能实现两种功能。另外，还可以在墙面做些搁架，用来收纳孩子平时常用的玩具。也可以在儿童房中搁置几个带滑轮的箱子，平时不用时就紧凑地推到一旁叠放起来。

▲ 充分利用纵向空间安排了休息区、作业区以及墙面置物区，为孩子预留了足够的玩耍空间

① **上部柜格：** 父母代为管理的区域，主要用来存放一些换季的衣物以及不常玩耍的玩具

② **中部柜格：** 可以用来放置孩子常穿的衣物，最好设置灵活分隔板，可以根据孩子不同的成长阶段，灵活设置分隔形式

③ **下部柜格：** 属于孩子的自理区域，可以放置一些经常玩儿的玩具，以及爱好用品；还可以在一侧设置分隔或抽屉，让孩子养成物归原位的好习惯

▲ 儿童柜收纳设计图示

Q 怎样在儿童房中设置一款从婴儿时期到长大成人后都可以使用的收纳柜？

/ **产 品 解 救** /

儿童房中最好设置一个纵深30cm左右的书柜以及一个用来摆放学习用品、纵深40cm左右的杂物柜。若空间有限，无法满足两种柜体同时存在，则可以配置一个上、下纵深不同的柜子。同时，柜子的搁板高度要可以自由调节，满足随着孩子年龄增长摆放不同物品的需求，使柜子可以一直使用下去。

3～4岁时的物品收纳：
这个时期，需要收纳的物品主要包括玩具、画册等。应根据孩子视线的高度，将玩具和画册摆放在合适的位置，最好放在孩子伸手方便拿到的地方。必要时可根据情况调节搁板高度，培养孩子物归原处的好习惯。

婴儿期的物品收纳：
这个时期，需要收纳的物品主要包括纸尿裤、奶粉以及大量玩具等。这一时期的收纳物品和方式主要还是以家长的主观意识为主，原则是方便使用、拿取。

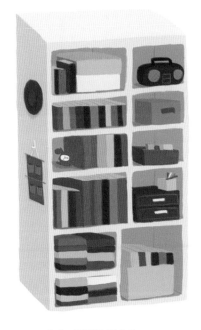

幼儿园、小学时期的物品收纳：

这个时期，需要收纳的物品主要包括书包、书籍、学习用品等。而像积木、布娃娃等玩具则可以整理好放在箱子里，让孩子视线所及之处的物品最好与学习、兴趣相关。

初中、高中时期的物品收纳：

到了这个时期，需要收纳的物品基本上都是各类参考书以及能够体现自己爱好、品位的物品，所收纳物品的自主性很强。女生还会存放发饰、化妆盒等。

▲ 具有多样组合形态的儿童收纳柜

另外，能够自由组合的收纳柜也是非常不错的选择。这种收纳柜可以自由选择需要的形态和数量，可以按照孩子不同成长时期的行为方式来进行调整。

问题 2

Q 孩子长得很快，有些衣服还很新就不能穿了，而且衣服也越积越多，该如何处理？

/ 方 法 解 救 /

孩子的衣物收纳同大人一样，常见的方式无非是 3 种：叠好放在柜子里，卷好放到抽屉里，常穿和易褶皱的挂起来。另外，在进行儿童衣服收纳时，重点是要让小孩能自己找到想要穿的衣服，脱下来需要清洗的衣服也能够自己放到洗衣篮里面，这样才能培养孩子的自理能力和良好的生活习惯。

由于成长原因，一些还比较新却穿不下的衣服可以先清洗好，收到箱子里，放在隐蔽的角落空间保存起来，在合适的时候送给亲朋好友家的小孩，或者准备要二胎的家庭则可以留给弟弟、妹妹。

/ 产 品 解 救 /

孩子的衣柜关键是要考虑长远使用性，最好选择可移动的搁板，方便孩子因为年龄、衣长的变化来及时做调整。例如，学龄前的衣柜可以分隔为 3 层，学龄后则可以再将衣柜分隔为 2 层。具体选择时，还要考虑孩子的身高因素，不要在孩子的头部高度设计抽屉等可以拉出来的配件，以免发生磕碰。

❶ 衣柜中有预埋螺母，方便挂衣杆上移
❷ 活动搁板　　❸ 固定搁板
❹ 抽屉设置在衣柜较低的位置，可以培养孩子蹲下收纳自己的小件衣物

后期会移动到这里

青少年状态：
挂衣高区：
1.4m 左右

幼童状态：
挂衣高区：
1m 左右

Q 孩子的毛绒玩具非常多，形状不规则，占地面积比较大，该
如何收纳？

/ 方 法 解 救 /

　　毛绒玩具在儿童房中占有不小的比例，可是
毛绒玩具不管大小，都非常占空间。在存放时，可
以充分利用儿童床来收纳毛绒玩具，将其挂在床
的栏杆上，既做到了有效收纳，又显得美观大方。

/ 产 品 解 救 /

　　可以巧妙利用门后的空
间，在其上挂上收纳布袋，
存放小件的毛绒玩具；或者
自制一个挂物袋，缝上松紧
带，直接将毛绒玩具插进去，
大件的毛绒玩具也一样能找
到属于自己的位置。

▲ 利用儿童床的护栏来放置毛绒玩具，为空间增添了更多
的童趣

▶充分利用卧室门，将收纳玩具
的布袋悬挂在此，为毛绒玩具找
到一处特定的收纳位置

119

问题 4

Q 孩子的玩具太多，找起来不方便，怎样才能快速拿取玩具呢？

/ **方 法 解 救** /

和孩子一起根据玩具的内容进行分类，如汽车类、拼图类、娃娃类等；或者根据游戏场景进行分类，如"购物游戏的玩具""医生游戏的玩具"等，先分类收纳所有玩具。

/ **设 计 解 救** /

为孩子定制一个可以轻松拉取收纳篮的区域，将不同色彩的塑料收纳篮进行纵向空间的固定。还可以根据需要收纳的玩具的大小，搭配不同体量的收纳篮，对空间进行最大化地利用。有条件的家庭还可以专门定制一体式睡床，将睡眠区和孩子的玩乐区整合在一处，提高收纳的便利性。

◀ 彩色收纳箱自带分门别类的特性，可以让家中的孩童从小就养成"物归原处"的习惯

▲ 在一体式睡床下面规划一个玩乐区，并设置开放式搁架，孩子的玩具可以随手放在此处

/ 产品解救 /

　　选择一个带有开放式收纳格的睡床，搭配一些藤编储物篮，这种一目了然的方式，可以清晰地将孩子的玩具进行收纳，让孩子的玩具收纳工作变得轻而易举。另外，在规划儿童房的收纳时，最好让孩子也参与其中，从小培养孩子的收纳意识。

▶ 在卧室中铺上柔软的地毯，孩子从收纳筐中拿出玩具就能坐在地上玩耍

问题 5

Q 孩子玩完玩具总喜欢随手乱丢，该如何培养宝宝物归定位的好习惯？

/ **方 法 解 救** /

首先应尝试引导孩子，并定下规则。家长可以规定：先玩一种玩具，之后拿回原位，才可以再开始玩第二种玩具。但需要注意制定规则的方式应生动、有趣，例如可以告诉孩子"玩具也是要回家的"，来强化孩子的理解。此外，在收拾玩具的过程中，家长可以陪着孩子一起做，并在一旁鼓励孩子。比起斥责，这种方式会更加强化物品定位的正面印象。

/ **产 品 解 救** /

利用格子状的书柜，搭配软性布面的篮子，或是藤编篮，是方便孩子收纳的第一步。其次，可以为储物篮设置出多样变化的色系，试着跟孩子一起讨论，教导孩子去记忆他（她）们想把玩具怎么分类到各个颜色的篮子里，慢慢孩子就会开始自己试着收纳。

▶ 为收纳篮挂上不同颜色的流苏，让孩子自己根据色彩去设定不同玩具对应的存放篮筐

问题 6

Q 孩子喜欢画画，各种画笔很多，总是堆在书桌上，很乱，该如何收纳呢？

/ 产 品 解 救 /

如果家里有个爱画的孩子，则各种水笔、蜡笔、彩色铅笔等文具必定不少。可以在墙面上挂上小桶来存放画笔文具，这样可以节省很多桌面的空间。

▲ 因为画笔的颜色本身较多，收纳小桶的色彩最好统一，才不会引起空间上的视觉杂乱感

支招!

利用透明瓶子分类存放：因为材质透明，所以清晰可见，用什么笔直接打开相应的瓶子即可。

不用的铁盒也可以辅助收纳：将画笔按照不同种类放置于不同的铁盒中，盒面写明收纳的彩笔种类，然后收纳到书柜中，用时才拿出来。

问题 7

Q 孩子比较喜欢看书，但看完喜欢随手乱扔，有什么可以改善的办法吗？

/ **产 品 解 救** /

儿童房里的书本收纳的确是个难题，孩子总是会时不时地挑几本出来看，看完也不大会及时地规整收纳。这时利用类似于玩具的可移动收纳筐就十分必要了，其可随意安置在儿童房的边边角角，本身低矮的形态也方便孩子取用。

▲ 可移动的玩具收纳箱既能收纳书籍，本身也是一个不错的玩具，可以引起孩子的关注度，从而引导其将书籍收纳于此

Q 每次上学或外出之前，需要的物品都要翻半天，非常浪费时间，应该如何解决这个问题呢？

\
方
法
解
救
\

上学用的书包以及其他物品一定要收在固定的位置。例如，可以在墙面设置颜色鲜艳的挂钩用来悬挂物品，或者在收纳柜中专门预留出一个区域，设置专属的收纳空间，并让孩子养成提前准备的习惯，有效避免出门时的手忙脚乱。例如，在孩子就寝之前，就将第二天上学需要的校服、帽子、书包等物品存放在特定区域。

▶在墙面设置彩色的挂钩来吸引孩子的注意力，并将此处设定为特定物品的收纳区

书房收纳

书房功能越丰富、使用人数越多、使用时间越久，空间内容纳的物品就越多。因此，需要把这些物品分门别类地收纳起来，放在固定的位置。书籍、杂志，根据其开本大小和使用频率，宜放在不同区域、不同高度的位置，以示区别。

1. 常见的收纳物品与收纳家具

确认书房中需要收纳的物品

书籍、杂志：书房中最主要的收纳物品

纸质用品：一些日常工作中需要用到的纸质文件、重要资料等

文具用品：工作中可能用到的各种文具，如笔、本子等

电脑周边用品：电脑线及其配套的备用鼠标、键盘等

找出书房常见的收纳方位

工作区：主要收纳的方位是书桌周边

交谈区：对于一些书房较大的家庭，会在书房摆放小型会客家具，是可以挖掘的收纳方位

储物区：是书房不可或缺的组成部分，最主要的家具就是各种形态的书柜或书架

找出书房中常见的收纳器具

书桌：
一般来说书桌的收纳功能
并不强大，适合用来放置
一些电脑周边用品

书架：
造型更加简洁，但稳定性
略逊一筹

书柜：
书房中最主要的收纳家具，
其有藏有露的形态，可以集
收纳与美观两种功能于一体

2. 书房收纳的有效方式

书房收纳用品应尽量和整体空间的风格相统一：书房收纳用品，如书架、柜子、搁板等，应与整体空间的装饰风格保持一致。因为书房中的书及各类柜子较多，如果与这些大家具的风格不统一，就会令整体空间显得杂乱。另外，书房收纳用品的造型不宜过于烦琐、复杂。

▶书柜和书桌为一体式设计，色彩上的统一感较强，且造型简洁，收纳功能也很强

利用吊柜和搁板收纳将书房墙面利用起来：书房因其特有的功能，搁板的存储空间显得非常重要。书房选用的搁板，要根据放置物品的大小尺寸合理设置，如搁置办公用品、画等尺寸较大的物品，要考虑搁板的尺寸和间隔距离；如果是书籍等较重的物品，则要考虑搁板的承重能力。另外，还可以通过在墙面增加吊柜扩充收纳功能；放置音响等娱乐化器材，休息的时间用来听听音乐，为忙碌的工作之余的闲暇时光提供有效的舒缓空间。

墙面搁板收纳形式参考

墙面吊柜收纳形式参考

▲ 书柜收纳设计图示

❶ **高部书格**：适合放置一些珍藏版的精装图书，不会经常拿取

❷ **中上部书格**：是比较适宜的拿取高度，适合放置常看的书籍

❸ **抽屉**：收纳一些随时可能会用到的纸质文件

❹ **中下部书格**：可以作为杂志或文件夹的存放区

❺ **下部书格**：位置较低，不适合作为书籍的收纳区，可以放置收纳盒，用来存放一些书房中的零碎小物

Q 书房中的书籍较多，如何收纳才能显得不凌乱？

/ 方法解救 /

想让大量的书籍在书架中显得整洁、有序，最重要的方法仍然是将书籍进行分类。分类的方式十分多样，如可以按照尺寸分类，将相同尺寸的书籍放在一起；也可按书籍的内容分类，将同系列的书籍放在一起。如果想让书柜收纳在"颜值"上得到更高提升，则可以将同色系、尺寸大致相同的书摆放在一起。

按书籍颜色分类的摆放形式

按书籍尺寸分类的摆放形式

按书籍内容分类的摆放形式

/ 设 计 解 救 /

　　若是家中的书籍非常多，可以将书柜设计到顶，书柜上部不易拿取的部分，放置一些珍藏版的图书，或者不经常翻阅的书籍，而将大量平时看的书籍摆放在适合拿取的位置。另外，书柜的上部空间也可以摆放一些同款收纳盒，以存放一些不常用的杂物。

支招!

非常规书籍的摆放方式： 有些书本，尤其是杂志，高度较高，如果采用竖放的方式，书架层板间的高度就要加大，这样做的结果是书柜的收纳量随之减少。可以换个方式，将高的书籍横放收纳，就可节省空间。而像开本较小的漫画书或是小本口袋书、工具书，如果直接放在书柜上，因为开本太小，容易被其他书淹没，不易找寻，而且书的高度矮，书柜的单格空间上面会有很多闲置空间，造成空间的浪费。因此，这类书最好利用纸箱或收纳盒单独进行存放。

▲ 利用一面墙打造一个到顶的书柜，可以保证不同种类的书籍都能得到合理安放

Q 对于一些重要的文件，如何收纳才能快速被找到?

/ **方 法 解 救** /

文件可以按照"重要""一般""存档"等几个类别来存放。"存档"的文件再按照年份存储，以后要用的时候查找起来就会很方便。

/ **产 品 解 救** /

对于一些重要的文件，可以用专门的文件夹存放。在选购文件夹时，则可以选择能够直接立放于书架上的款式，这种文件夹的好处是摆放起来显得比较整齐；也可以选择用收纳盒来放置一些常规资料，并按时清理这些有可能用不到的文件。

▲ 利用色彩不同，但饱和度相似的文件夹进行收纳，在保证了空间整洁度的同时，也带来了视觉变化

支招!

用彩色文件夹营造空间的活力： 如果书房本身的配色比较单一，为了使氛围显得轻松一些，还可以用具有彩虹般色彩的文件夹为书房带来充满活力的视觉效果，七彩颜色可以调节心情，使人更加愉悦。将这样一组文件夹贴上分类标签，挂在储藏柜的横杆上，是利用书柜空间的巧妙方法之一。

问题 3

Q 台式电脑后面会有很多线，要怎样整理才能避免杂乱？

/ 设 计 解 救 /

收纳设计形式参考

书房中往往会放置电脑，如果电脑线收纳不好，会令整个空间显得非常杂乱。可以在书桌背后设计一个空格，连同电脑线和接线板一起收纳起来，这样会使书桌变得十分整洁。

/ 产 品 解 救 /

也可以通过桌上的走线孔将线全部排到桌后或桌子一侧，再用理线器或细电线将其捆绑起来，藏到柜子后面。

理线器收纳形式参考 1

Before

After

理线器收纳形式参考 2

厨房收纳

厨房是缔造美食的"工厂",也是油腻和凌乱的代名词。但如果收纳有方,也能让烹饪变成一种特别的享受。厨房收纳不仅要借助大型收纳家具,如橱柜等,一些诸如收纳罐、收纳架等小型收纳用具也必不可少。这些收纳用具的合理运用,既可以增加空间的利用率,又能营造厨房的烟火气息。

1. 常见的收纳物品与收纳家具

确认厨房中需要收纳的物品

各类厨具：包括种类各异的锅具、铲勺、刀具、砧板等

各类餐具：包括杯、盘、碗、盏等，这些物品在家庭中的储藏量较大

食材：包括各种调料和短期存放的食品，如新鲜蔬菜、水果等；长期存放的食品，如米、面、干货等

厨房小家电：包括电饭锅、电烤箱、料理机、豆浆机等

清洁用品：包括洗碗布、抹布以及洗涤剂等

找出厨房常见的收纳方位

橱柜台面及墙面空间：可以结合一些收纳用具，将与烹饪相关的物品进行收纳

吊柜下方的空间：可以设置横杆吊挂烹饪用具，也可以收纳厨房纸巾，方便使用

冰箱侧边空间：同样可结合收纳器具将一些厨房零碎小物规整起来

零散的边角空间：可以设置尺寸适合的推车，分担整体橱柜的收纳压力

找出厨房中常见的收纳器具

橱柜配件：
各种辅助收纳的拉篮等，如转角拉篮、升降拉篮等

整体橱柜：
厨房中最有效的收纳家具，需要规划好分区，才能最大化利用

储物器具：
形态多样，如调料盒、油瓶以及存放五谷、面条的储物盒等

收纳横杆：
主要用来悬挂烹饪用的铲、勺等

可移动推车置物架：
可以存放一些烹饪用的调料等，方便取用

2. 厨房收纳的有效方式

掌握"最称手"的厨具收纳方式：厨房中最称手的区域为距地面600~1800mm的中部区，人在正常站立时，以肩膀为轴手臂上下稍作伸展就可以够到，是收纳物品最方便取用的区域。应将最常用的餐具、厨具、调料和原材料放在这个区域内。

❶ 厨房中最称手的中部区

地柜中应合理化地设置一些抽屉：抽屉具有取物和检视方便的优点，且分隔灵活，适合分类存放零散的常用小件物品，但不应将过重的物品放在抽屉中，以免造成五金件变形损坏。在设置抽屉时最好上下排列成组，便于统一安装。另外，抽屉宽度不宜过宽，通常为300~600mm。但由于抽屉的制作和对五金件要求相对复杂，因而造价较高，不宜盲目设置较多。

清洁度是厨房收纳不可忽视的要素：水槽中的碗筷应随时清洗干净，擦干后放到指定位置，清理出来的厨余不要累积，要及时扔掉，避免吸引蟑螂。另外，冰箱内的物品应摆放整齐，扔掉干枯的食材和过期的食品，且生熟要分开。

▲ 整体橱柜拥有众多尺寸不一的抽屉，为厨房带来明晰的物品分类

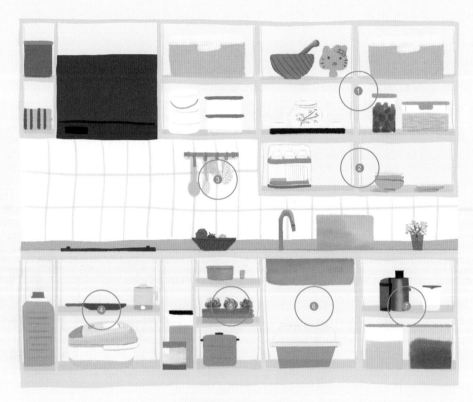

▲ 整体橱柜收纳设计图示

❶ 上部柜： 轻质、不常用的物品存放于上部柜，提供长期、固定的储藏

❷ 中部柜： 常用餐具宜放置在中部沥水架，便于干燥和取用

❸ 中部壁面： 铲勺、小型炊具等采用挂晾方式就近放置在炉灶旁，方便烹饪操作时取用

❹ 下部灶台柜： 使用频率较高、重量较大的各种锅具适合放置在炉灶附近的大柜格中

❺ 下部抽屉： 常用小型工具、小物品宜放置在下部柜的较浅抽屉中，便于分类收纳和拿取

❻ 下部水槽柜： 盆、桶等体积较大且不怕沾水的物品可利用水池的下方空间存放

❼ 下部边柜： 豆浆机等常用小电器宜放置在台面上以便使用。当台面有限时，也可收纳于地柜中

Q 厨房中的小家电很多，全部摆在台面上显得十分凌乱，也占据操作空间，该怎么办？

/ 设 计 解 救 /

在设计之初就应该考虑家中小电器的存放位置，并根据小家电的类型进行分类收纳。

例如，烤箱、蒸箱、微波炉等可以多采用内嵌式收纳，让厨房的整体连贯性更强，看起来更平整有序。但需要考虑如下几个问题，这些家电必须要放在非常耐火、耐高温的阻燃材质的柜子中，并充分解决散热问题，散热不佳，往往影响电器寿命。另外，也要考虑柜子层板的承重性。

而会产生蒸汽的小家电，如电热水壶、咖啡机等，则不适合放在封闭的橱柜里，而是适宜放置在随拿随取的半开放式空间中，如转角柜、岛台。此外，定制橱柜的储物格也是它们的最佳去处。

此外，收纳厨房小家电，一块简单的搁板或是置物架就可以有效减少收纳空间，充分利用立体集成的收纳理念。

小家电内嵌式收纳形式参考

小家电外置式收纳形式参考

搁板收纳形式参考

根据小家电的使用频率进行合理收纳的方法

先对家中的小家电按照使用频率进行打分，一天至少会用到一次的打 4 分，一星期会用到几次的打 3 分，偶尔使用一次的打 2 分，失去理智时购入的打 1 分。

再根据分数确定适合收纳的位置。4 分小家电，如水壶、电饭锅等的收纳最好是在不需要弯腰，伸手就能拿到的位置，并且不要随意移动，位置固定且有电源。

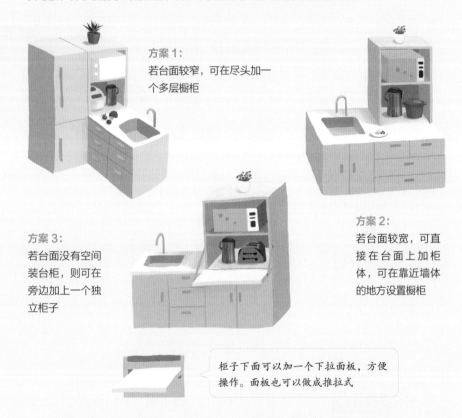

方案 1：
若台面较窄，可在尽头加一个多层橱柜

方案 2：
若台面较宽，可直接在台面上加柜体，可在靠近墙体的地方设置橱柜

方案 3：
若台面没有空间装台柜，则可在旁边加上一个独立柜子

柜子下面可以加一个下拉面板，方便操作。面板也可以做成推拉式

3 分小家电一般为蒸烤炉、榨汁机等，不需要固定的收纳位置，电源随拔随插，可以放在墙面搁架或切菜区的地柜中，抬头伸手或弯腰就可轻易拿到。

2 分小家电一般为酸奶机、空气炸锅等，虽不常用，但又不可或缺，可以将其放在厨房角落的储物柜里。

对于从来不用的 1 分小家电，建议直接送人或卖掉。

问题 2

Q 做饭经常用到的平底锅怎样能快速取出，轻松使用？

/ 方 法 解 救 /

由于平底锅在日常烹饪中的使用率较高，可以在炉灶附近放置平底锅架，最好结合空间的大小和纵深，选择层数和搁板高度能调节的类型。材质最好是不锈钢的，不容易生锈。另外，也可以将常用的平底锅放置在水槽下的地柜中，同样拿取比较方便。收纳时可以将书房中的文件盒当作分隔用的收纳器具，将平底锅竖着插入即可。

台面收纳
形式参考

水槽地柜收纳
形式参考

问题 3

Q 锅盖经常出现在厨房的各个角落，有什么办法可以使其固定在一个地方？

柜面收纳形式参考

/ 方 法 解 救 /

若是厨房中的台面有限，无法放置专门收纳锅盖的架子，则可以充分考虑柜门背面的空间，在柜门上安装适合放置锅盖的栏杆即可。如果不想每次打开柜门都听到金属的碰撞声，就在柜门背面贴一层软木垫片进行缓冲。

Q 家里切菜用的刀具很多，怎样收纳才能又安全，又方便使用？

/ **产 品 解 救** /

厨房中较为危险的物品，当属刀具。安全起见，可以利用刀架来收纳刀具，也可以利用厨房墙面专门规划一处空间来收纳刀具，这种收纳方式比较适合厨房面积较大，且烹饪时用到的刀具种类较多的家庭。如果家里有儿童，刀具则最好做隐藏式收纳，如将其放在地柜的抽屉中。

刀架收纳形式参考

墙面式收纳形式参考

Q 各式各样的锅铲、漏勺，有没有能随手取得、排列起来又好看且不凌乱的陈列法？

墙面收纳形式参考

/ **产 品 解 救** /

厨房中的炊事用具，如铲子、漏勺等带孔的用具，最好的收纳方式就是将其挂起来。最常见的方式是在墙上安置专门收纳这些物品的吊杆，这种做法既简单，又合理地利用了空间，同时也方便拿取，可谓一举多得。若不想在家中的墙面上打孔，则可以在吊柜底部安装吊杆。

吊柜收纳形式参考

问题 6

Q 厨房面积小，没有多余的台面放砧板，怎么办？

砧板立架收纳形式参考

/ **产 品 解 救** /

刚洗好的砧板最容易把橱柜台面弄得到处都是水，如果没有及时擦干，久了就会有细菌滋生的问题。可以用砧板立架解决收纳问题，其下方一般会设计集水托盘，可承接滴下来的水，也方便将水倒掉。最好选择不易生锈且方便清洁的不锈钢或玻璃材质。如果连放砧板架的地方也没有，可以在厨房墙面钉两根平行挂杆或购买墙面砧板架，来解决砧板的收纳问题。

墙面砧板架收纳形式参考

问题 7

Q 擀面杖之类较长的厨房用品放置在哪里比较合适？

利用抽屉收纳擀面杖的形式参考

/ **设 计 解 救** /

可以将橱柜的抽屉用几块隔板斜向分隔，收纳擀面杖一类的用具非常方便，也可以令抽屉的内部更加整齐有序。另外，像擀面杖这种由于太长而难以收纳的物品，也可以选择挂起来，取放都很方便，还可以有效利用侧面空间。例如，可以挂在柜门后，擀面杖并不会随柜门的开关而晃动、碰撞。

问题 8

Q 做饭时经常会用到厨房纸巾，跑到其他房间去拿很麻烦，放在哪里比较合适呢？

/ **产 品 解 救** /

若家中的冰箱放置在厨房里，其侧边部分是可以充分挖掘的收纳空间，可以选择冰箱吸盘置物架或侧边挂架，将厨房纸巾、烘焙用的吸油纸、保鲜膜等用品统统在此收纳，也可以结合自身需求，收纳一些厨房小物。或者可以在吊柜下方挂一个支架，进行厨房纸巾的收纳；还可以借用冰箱吸盘置物架的形式，在橱柜下方先粘贴一块钢板，再吸附磁吸式纸巾盒即可。这几种收纳方式，可以令纸巾使用起来更方便。

吊柜支架收纳形式参考

磁吸式纸巾盒收纳形式参考

冰箱侧边收纳形式参考

Q 清洁剂的瓶子五花八门，与厨房的调性格格不入，怎样解决这个问题？

/ 设 计 解 救 /

由于清洁污垢的清洁剂是要沾水的，按照就近收纳原则，可以将其放置于水槽柜中，这样不仅方便使用，而且属于隐藏式收纳，不会对家中的整体风格产生影响。另外，还可以在水槽柜中挂一个横杆，一些挤压式包装的清洁剂可以直接挂起来，从而更加充分地利用水槽柜的空间。

水槽地柜收纳形式参考

/ 产 品 解 救 /

如果家里的厨房是低矮的开放式，或者是比较简洁、干净的北欧风，厨房中五颜六色的清洁剂瓶子的确有些煞风景。主人可以按自身喜好购买按压式瓶子进行分装，或者将用完的"颜值"较高的护肤品瓶子清洗干净用来盛装清洁剂，也不失为一个环保的好方法。

▲ 利用"颜值"较高的收纳瓶重新分装清洁剂，再用一个小型不锈钢置物篮将其挂在水槽附近，使用起来十分便捷

问题 10

Q 洗碗、洗锅用的洗碗布、钢丝球等小件物品，怎样收纳更
有效？

横柜设计形式参考

/ **设 计 解 救** /

在水槽柜上方专门设计一个可以斜向打开的横柜，将这些清洁小物统一放置在此。但由于这类物品比较潮湿，因此要做好防潮和清洁处理，最好沥干后再进行收纳。

/ **产 品 解 救** /

可以充分利用水龙头的区域在此安装挂杆或托盘，来收纳清洁小物，但这种方式不宜收纳过多物品，且对物品的美观度有所要求，否则容易引起视觉上的杂乱。此外，还可以在水槽柜的门板安装无痕门背挂钩，不仅可以收纳清洁小物，也可以对清洁剂进行收纳。竖式收纳的方法十分方便区分取用。

结合水龙头的收纳形式参考

利用水槽柜的收纳形式参考

问题 11

Q 筷子、汤匙、刀叉经常混在一起，拿起来很不方便，要怎么处理？

/ 设 计 解 救 /

在灶台下面设置一个专门放置餐具的抽屉，隐藏式收纳的方法节省台面空间，也不易令厨房显得杂乱、拥挤。同时，家中的碗盘也可以一起收纳在此。

抽屉收纳形式参考

▲ 壁挂式紫外线消毒筷子筒

/ 产 品 解 救 /

若橱柜台面或厨房墙面的空间富裕，可以选择一款有多个储物格的筷子筒，将筷子、刀叉、汤匙进行分门别类的放置。或者模仿咖啡厅的做法，找几个好看的陶瓷杯或玻璃杯，将餐具按类别放入，还可以在里面放一些时尚的纸巾，以增加空间的美观度。

▲ 时尚造型筷子筒

Q 看到漂亮的碗盘总忍不住购买，但却不知该如何收纳，想用时又找不到，该怎么办?

/ 方 法 解 救 /

首先要培养"断舍离"的观念，理性购买物品。事实上，家中的碗盘只需准备一套百搭的白色系列即可。但由于有些房主喜欢创造别有情调的餐桌氛围，会购买多套餐具。但即便如此，也要理性克制，做到同类型餐具不要重复购买。或者充分挖掘一套餐具的更多使用可能性，例如，喜庆的红色系餐具，既可以用来做烛光晚餐，也可以作为圣诞节和新年餐桌上的用具。

/ 设 计 解 救 /

在灶台下面设置专门放置碗盘的收纳拉篮，竖向放置的形式可以充分利用储存空间。有些家庭也会用吊柜来收纳碗盘，但相对于地柜收纳来说使用便捷性上略差，即使安装吊柜拉篮，也存在一定程度上的不安全性。

▲ 没有安装拉篮的家庭，可以选择一个抽屉用藤篮进行分隔，再将盘子立着收纳

/ 产 品 解 救 /

既然是喜爱的物品，最好的方式就是将其展示出来。若橱柜台面充裕，可以购买碗盘收纳架，将部分喜爱并常用的碗盘放置在此。或者充分利用墙面空间，找到一面适合的墙面，定制专门的碗盘收纳架。

▲ 在厨房台面上摆放一个造型简洁的收纳架，再将盘子和一些杯盘碗盏同时收纳，打造一处具有装饰性的收纳角

问题 13

Q 醋、酱油、料酒这类液体调料，怎样收纳才能方便使用？

/ 产品解救 /

利用小型的调料置物架将常用的液体调料放置在一个指定位置，例如将其放在燃气炉附近，既整洁又方便。其他不常用的液体调料依旧可以收纳在厨房看不见的地方，只需保证想用时能迅速找到即可。

另外，厨房的夹缝空间可以被充分利用起来，冰箱和墙面或操作台间通常会有间隙，可以根据空隙大小选择一个带轮子的置物架，一来十分适合收纳酱、醋、油等调料，从而增加台面操作面积，二来也可以提高厨房整体的整洁度。

☀ **特别提醒**

在厨房台面或墙面收纳液体调料是最方便拿取的方式，但若想要厨房显得井井有条又十分明亮，就要做到收纳用具的高度统一，购买成套的防漏油壶可以很好地满足收纳需求。有些收纳建议会利用喝光的饮料瓶来盛装液体调料，但实际上普通的塑料制品并不适合盛装酸性调料。

夹缝推车收纳形式参考

台面置物架收纳形式参考

Q 一些烹饪用的五谷杂粮和挂面等食物，该如何进行收纳？

/ 方 法 解 救 /

五谷杂粮：这类物品怕潮，因此不适合放在水槽下面和两侧的地柜中，而应放置在干燥的柜子中。储存时，可以购买专门的保鲜盒，也可以用矿泉水瓶来储放，这些轻质的瓶子很容易被洗净吹干，密封性好，拿取时不会打碎或泼撒。另外，五谷杂粮也可以用玻璃罐来存放。需要注意的是，最好在收纳的瓶子或罐子上标注这些物品的购买日期，以防过期。

面条类：未开封的挂面和意大利面可以直接存放在干燥的抽屉中，开封的则要放入密封容器中，可以购买专门存放面条的瓶子或盒子，同样需要在其外部标注购买日期。

干货类：这些食品基本都要放在容器内保存。如果感觉还是有湿气，可以先将其放进密封袋后再放入瓶罐中。之后将收纳用的瓶罐放入远离水槽区的柜子中。同时，罐子不要叠在一起，而是要立着放。另外，干货买来存放太久就会失去其风味，最好尽早食用。

▲ 多样化的食品储物盒

问题 15

Q 家中的冰箱容量有限，一些蔬果等物往往无处可放，有没有其他的收纳方法？

/ 产品解救 /

可以在厨房的空余空间放置一个多层蔬果收纳架，常见的材质有铁艺和塑料，透气性均较好，可以根据家中的风格来选择适合的材质和色彩。而像姜、蒜等常用的烹饪材料，可以在墙面挂一个透气性较高的网袋进行存放，用时比较方便。

▲形态多样的蔬果收纳架

▲收纳姜和蒜的网袋

问题 16

Q 家中的调料非常多，怎样才能做到一目了然的收纳？

/ 产品解救 /

在灶台上方的吊柜中安装升降拉篮，将调料进行整齐码放，使用时直接拉下拉篮，无论里外，都不费力取放。另外，也可以根据使用频率，布置拉篮里的物品，舒适度瞬间提高。

升降拉篮收纳形式参考

若厨房地面空间富余，可以放置一个万能小推车，将最常用的调料放置在小推车的最上层，下层空间则可以放置不常用的调料，或是其他厨房用品。使用时，将其拉到自己身边，用完再随手推到合适的位置即可。另外，厨房中的夹缝空间同样是收纳调料的绝好场所。

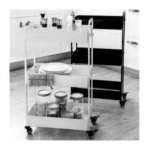

小推车收纳形式参考

▲ 冰箱的尺寸确定后，若与墙面还有空隙，可以购买尺寸适宜的拉柜，存放一些不常用的调料

支招！

收纳调料要先分类细致：首先将家中的调料全部拿出，做好常用和不常用的细致分类，在这个过程中，你会了解到烹饪时必备和不常用的物品有哪些，甚至很久才会用一次的调料是什么，在以后的采购中就能有效避开不必要买的东西，减少金钱浪费。

然后将调料独有的包装拆除，统一分装到透明的玻璃容器中，再在调料容器上贴上标签。尽管关上柜门或是抽屉后，无法看见调料本身，但贴标签的方式仍然能够将不可视化转为可视化，帮助我们快速锁定需要取用的调料，不用一个个拿出查看。

附：不同调料的收纳方式

盐、糖、鸡精类	分装到带有盖子的透明瓶子中，以便掌握用量
黑胡椒、花椒等香辛调料	为保证新鲜，可以使用研磨瓶。使用时调节好颗粒粗细手动研磨，可以保证新鲜又杜绝浪费

冰箱收纳实用大法，
让每一天都拥有"新鲜感"

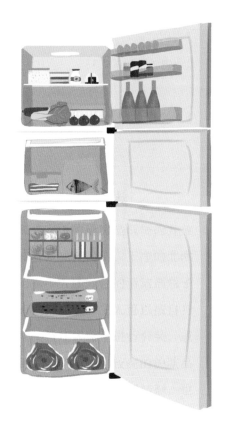

　　冰箱是现代家居生活中不可缺少的家电，可谓是家中的保鲜机器，可以延长果蔬的储藏时间，也能够提供清凉可口的饮品。但正因为冰箱承载了太多的收纳需求，稍不留心就会成为杂乱的重灾区。与其埋怨冰箱不够大，不如好好地研究如何合理利用冰箱空间。了解什么需要放进去，什么不能放进去，这是冰箱收纳的主要任务。

1. 冷藏室与冷冻室的食品要分开

适合放进冷藏室的食品	① 常温保存容易繁殖微生物的食品，如酸奶、奶酪等奶制品；没有灭菌包装的熟肉、豆制品；开封后的番茄酱、沙茶酱等调料 ② 大部分蔬菜和北方水果，放在冷藏室可以延缓植物组织变质 ③ 加工食品，一定要注意产品包装上的保存方法说明 ④ 鸡蛋、鱼干、虾皮、海米等 ⑤ 开封之后的饮料，如果一次喝不完，必须放入冰箱中
适合放进冷冻室的食品	① 各种鱼类、海鲜、肉类 ② 易融化的雪糕 ③ 馒头、糕饼等淀粉类食物放在冷冻室不容易变干、变硬 ④ 茶叶时间久了香味会散失很多，可以将其分装后放进冷冻室 ⑤ 豆类、坚果、水果干容易生虫，在冷冻室里能够储藏得更久

2. 冰箱分区域收纳更有效

冰箱门架处	此处温度相对最高，方便拿取，适合放一些在室温下也能暂存，不容易坏或者马上要吃掉的食品，如鸡蛋、奶酪、开封后的饮料、调料等
上层靠门处	上层温度要比下层稍高，适合放置直接入口的熟食、酸奶、甜点等，这些食品要避免温度过低
上层后壁处	后壁处的温度比靠门处低，适合放置不怕冻的食物，包括剩饭菜、牛奶等。剩菜、剩饭要用保鲜盒装好，或用保鲜膜封好，避免交叉污染和串味
下层靠门处	适合放各种绿叶蔬菜和水果，要避免紧贴冰箱内壁存放，以免被冻伤
下层后壁处	适合保存没有烹调熟、又需要低温保存的食品，如豆腐等；有严密包装不怕交叉污染的食品也适合放在此处，如袋装熟肉
保鲜层	适合保存购买后 24 小时之内要吃的排酸冷藏肉、冰鲜的鱼和其他水产品；如果保鲜层有两个抽屉，建议鱼类和肉类放在下层，与需要冷藏的水果分开存放
冷冻室上层	各种熟的面食、面点和其他淀粉类主食以及各种冷饮
冷冻室下层	需要充分加热的生食品，如生鱼、生肉、海产品等
冷冻室中层	各种自制速冻食品，如冻饺子、速冻草莓等，适宜和速冻主食一起放在中间层，或者放在上层，但必须和鱼肉、海鲜类食品分开存放

　　最后要充分利用保鲜袋、保鲜盒对食品进行分装，这样做不仅可以保持食物原有的味道，而且也可以使冰箱整齐划一，提升收纳量及美观度。

卫生间
收纳

卫生间相对其他家居空间而言面积通常较小，很容易产生凌乱的感觉。这就需要设置带有收纳功能的家具，为卫生间带来整洁、清爽的面貌。常用的卫生间家具包括镜柜和台下柜等。另外，由于卫生间的环境较为潮湿，因此在收纳时一定要注意防潮。

1. 常见的收纳物品与收纳家具

确认卫生间中需要收纳的物品

洗漱用品： 如牙刷、牙膏、洗面奶、毛巾等；也包括与盥洗相关的小电器，如吹风机、剃须刀等

沐浴用品： 如洗发水、护发素、浴巾、浴球等

洗涤用品： 如洗衣液、消毒液、肥皂等，也包括与之相关的晾衣架、洗衣袋等小工具

清洁用具： 如扫帚、拖把、马桶刷等，也包括与之相关的洁厕剂、消毒剂等

如厕卫生用品： 如卫生纸、卫生棉等

其他用品： 如洗漱盆、体重秤等

找出卫生间常见的收纳方位

洗手台面及上下方空间： 台面向上的空间主要收纳一些使用比较频繁的洗漱用具，下方的柜体空间则常收纳洗涤用品

坐便器周边空间： 可收纳不常用的沐浴用品以及备用的如厕卫生用品等

门后空间： 可悬挂浴巾，也可以作为清洁用品的悬挂位置

零散的边角空间： 例如，管井中的夹缝位置和浴室柜接近地面的位置等，可以收纳一些不常用的备用品

找出卫生间中常见的收纳器具

坐便器置物架： 可以更加充分地利用坐便器上方的空间，但会产生一定的视觉杂乱感

卫浴柜： 卫生间中最主要的收纳家具。可根据需要收纳多种卫生用品

卫生间置物架： 形态比较多样，可以辅助收纳很多常用的洗漱用品

可移动收纳柜： 体量小巧，可结合空间面积，灵活放置

2. 卫生间收纳的有效方式

充分利用角落完成卫生间的收纳：一些小卫浴空间面积十分有限，有时满足必备的洗漱、如厕、沐浴三大功能都十分勉强，但又必须有地方进行收纳。不妨将卫浴的边角空间充分利用起来，将物品合理收纳的同时，也让空间显得宽敞，由此带来更方便、清洁的生活。

▲ 将浴室柜设置在角落中，占地空间小，但功能齐全；简洁的立面架则满足了洗护用品的收纳

合理的镜箱才能完成有效收纳：首先应保证镜箱距地面的高度为1000~1100mm，保证镜子能照到站立时人的上半身，且儿童和坐姿操作者也能照到，这样的尺寸设置也比较适合物品的拿取。同时，可在镜箱侧面或下部设置隔板或明格，作为洗面奶、牙具、护手霜等小件常用物品的放置空间。

卫浴柜下部柜的有效收纳设计：下部柜最适合采用拉门与抽屉相结合的形式，拉门柜体中可容纳更多大件物品，如大瓶的洗衣液、消毒液等，方便拿取；抽屉适合存放小件物品，如备用的洗漱品、毛巾等。这样能够将物品分类收纳，保持卫生间整洁、美观。另外，下部柜可采用局部留空的形式，使下部空间利用更加充分和灵活，例如放置盆、体重秤等物品。

1 封闭的镜箱区可收纳不常用的洗漱用品
2 开敞的置物格可收纳零碎小物
3 抽屉区可存放吹风机等小电器
4 柜体区可收纳大瓶洗涤用品
5 留空下部空间可存放体重秤

① **顶部柜：**设于镜子或镜箱上方，由于位置较高，拿取不太方便，可用于存储较轻便但不常使用的备用品

② **镜箱：**盥洗台上方可设置镜箱，存放洗漱用品、护肤用品等。镜箱进深通常为 130~150mm

③ **搁板：**可放置常用洗漱、化妆用品

④ **盥洗台侧边中柜：**可朝向洗手池设置置物搁板和毛巾架

⑤ **盥洗台侧边高柜：**盥洗台边侧空间是较为方便拿取物品的位置，可设置侧边柜，放置吹风机、洗漱或洗涤用品、卫生纸等

⑥ **盥洗台下部柜：**是存放清洁剂、备用洗涤用品的合适位置，但是由于接近下水管，有可能存在通风不良、易受潮等问题。也可将下部区域部分留空，以存放盆、桶等大件物品

▲ 卫浴柜收纳设计图示

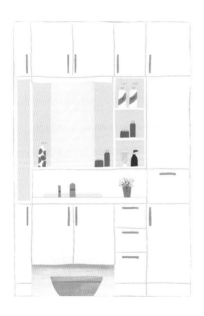

Q 洗手台堆满洗漱用品，看起来很凌乱，有合理的解决方法吗？

/ 方法解救 /

养成物归原位的习惯很重要，规划好洗漱用品的收纳空间，使用后随手再放回原位，就能长时间保持卫生间的整齐、干爽，这样一来，如厕或沐浴都能拥有好心情。

/ 设计解救 /

洗漱用品的收纳在卫生间中占有较大的比例，因为这些物品在日常生活中几乎天天都要用到。一般来说，常用的洗漱用品最好收纳在洗手台附近，方便使用，不妨设置一个挂墙式镜箱柜，将原本放在洗手台面上的零碎物，借镜箱之力"挂起来"。另外，最好选择具有"20%露＋80%藏"的镜箱，大部分物品放入带有柜门的"隐藏"空间，小部分物品则放在便于顺手拿取的"暴露"空间。

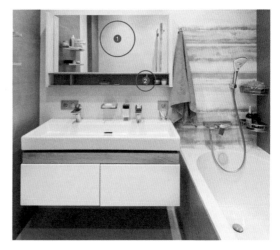

❶ 80%不常用的物品藏起来　　❷ 20%常用的物品露出来

/ 产品解救 /

如果原本卫生间中没有设置挂墙式镜箱，也可以利用挂墙式置物架、吸盘储物架、洗手台面架等来进行常用洗漱用品的收纳。但缺点是"暴露式"收纳没有镜箱带来的"隐藏式"悬挂收纳显得整洁、有序。另外，吸盘储物盒的吸力有限，使用时间久了容易老化，因此最好不要放置过重的物品。

▲挂墙式置物架

▲洗手台面架

▲吸盘储物架

　　此外，屋主还可以选择在洗手台临近的角落空间摆放一个多层转角架，这样做可以更大程度上缓解洗手台面上的收纳压力，多层的形式可以摆放的物品也相对较多。但由于洗漱用品的外包装形态、色彩多种多样，大面积的暴露式收纳容易产生视觉上的混乱，因此最好购买成套的分装瓶将常用的洗护用品进行分装，而余下的部分则分门别类地放到收纳篮中，同样以"藏露结合"的收纳理念来还原整洁的空间环境。

▲多层转角架

Q 三代人住在一起，用到的毛巾、浴巾很多，要怎么收纳才能既方便使用，又不显得凌乱呢？

/ **方 法 解 救** /

可以选择薄款的毛巾和浴巾，它们干得快，占用的收纳空间也较小，同时方便清洗。另外，在购置毛巾、浴巾时，最好为同一系列不同色彩或图案的款式，且颜色不宜过于鲜艳，这样才能保持空间的整洁度。

/ **产 品 解 救** /

可以在靠近洗漱区的墙面或卫生间门后安装挂钩，将毛巾、浴巾悬挂。但由于卫生间比较潮湿，门后又是通风死角，所以最好对毛巾、浴巾进行每周消毒、晾晒。或者也可以在卫生间中适宜的角落摆放不锈钢架子，选择2、3层的款式，上面摆放毛巾、亚麻布之类的物品。

支招!

电热毛巾架可以解决毛巾的潮湿问题：电热毛巾架的多层设计可以满足同时悬挂多条毛巾的需求，另外加热功能还可以烘干毛巾，可以令家人随时使用到干爽的热毛巾。而在小空间内，电热毛巾架甚至可以替代大功率的取暖器，特别适合阴雨、潮湿的南方地区。

▲卫生间门背后可以用于收纳浴巾

置物架收纳形式参考

问题 3

Q 买了专门放置牙刷、牙膏的收纳架，但利用率低，家人还是喜欢随手放置怎么办？

＼
方
法
解
救
＼

发生这种情况，往往是因为购买的收纳架不实用，且位置设定不合理。首先不建议购买自带挤牙膏功能的墙面收纳架，使用起来并不方便，而且牙膏容易积存在容器中，浪费又不卫生。此外，牙刷收纳架最好设置在随手可以够到的地方，一般放在右手边比较适合，且最好略低于家人平均手臂伸直的高度。也可以将牙刷和牙膏放在刷牙杯中，然后放置在镜箱"暴露式"收纳的位置，方便拿取，也方便清洁。

▲ 将牙具放在右手边方便取用，固定在洗手台面的收纳盒不易移动，可以形成固定的收纳区

Q 沐浴露、洗发水等沐浴用品一不小心就买多了，放在哪里收纳最合适呢？

/ 设 计 解 救 /

可以借助马桶上方的空间来收纳家中多余的沐浴用品，比较常见的一款产品为马桶置物架，这种落地明露搁架虽然具备价格低、使用方便的优势，但其高度刚好在视线高度 1.5m 左右，且由于收纳的物品比较零碎，所以容易产生视觉凌乱感。

对于空间较为充裕的家庭，还是更推荐在马桶上方利用防潮材质定做挂墙式镜箱，采用带门镜箱替代开放式搁架，所有的杂乱物品都被柜门隔绝，使卫生间的整洁感立现。另外，由于吊柜不落地，使得马桶周边的死角更容易被清理。

落地式马桶置物架
推荐度：☆☆

挂墙式带门镜箱
推荐度：☆☆☆

产品解救

▲ 墙面置物架适合放置少量、常用的洗护用品

　　多余的沐浴产品可以借助马桶上方的镜箱来收纳，但一些常用的洗发水、沐浴露则最好放置在临近花洒的位置，方便使用。比较常见的方式是安装墙面置物架，但由于临近用水区域，其材质最好以不锈钢为宜。

Q 为了使用方便，电吹风、电动剃须刀这些物品想放在卫生间中，但要如何收纳呢？

/ 设 计 解 救 /

如果想在卫生间中收纳吹风机、电动剃须刀、电发棒等小电器，首先要做好卫生间的干湿分离，同时结合浴室柜定制"专用抽屉"，根据自身实际需求设置安放小电器的位置，同时考虑在抽屉中设置插座。

利用浴室柜收纳小电器
的形式参考

/ 产 品 解 救 /

如果浴室柜台面足够大，则可以购买一个电线收纳盒来收纳吹风机、卷发棒等浴室小电器；或者购买一款颜值较高的壁挂式吹风机架也是不错的解决方案。

▲ 形态多样的壁挂式吹风机架

▲ 上面三个洞孔，专门用来放吹风机、卷发棒等浴室小电器，侧面的一个孔则可以把电线给引出来

问题 6

Q 大瓶装的洗衣液、消毒液应该如何收纳，才能够做到拿取便捷、使用方便？

/ **方法解救** /

大瓶的日常洗涤用品最适合的收纳方位有两处，一处是浴室柜，另一处是洗衣机旁。

放在浴室柜中的洗涤用品，最好再细致地分为"常用"和"非常用"。非常用的物品放置在柜子后侧较深的部分；常用的物品则放在柜子的前侧，方便拿取。同时可以结合收纳筐来放置一些小体量的洗涤用品，如肥皂等；还可以把洗衣用的手套、夹子等都放置在此处一并进行收纳。另外，还可以在柜门里侧挂一把剪刀，这样一来需要剪开洗衣粉或洗衣液的袋子时，就不用特意去其他房间找剪刀了。

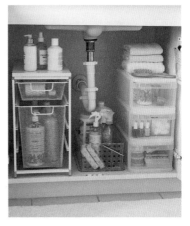

浴室柜收纳形式参考

挂式篮筐收纳形式参考

多层置物架收纳形式参考

若家中的洗衣机设置在卫生间中的干区，则可以在洗衣机附近的空余空间放置一个多层置物架，但置物架的层间距一定要大，可以轻松容下洗衣液等物品，形成最节省时间和体力的动线。也可以在洗衣机上安置一个吸盘式或挂式篮筐，将常用的洗衣用品收纳于此。

问题 7

Q 如何存放晾衣用的衣架和裤架，一直是心头的"朱砂痣"，有没有整洁、又方便拿取的收纳方法？

╱ 产 品 解 救 ╱

晾衣架和裤架很容易纠缠在一起，若是悬挂收纳，无法固定架身，容易交叉打架；若批量堆叠，随意抽拿纵横交错，又混乱成麻。最好的办法是分批收纳，减少摇摆幅度，可以借助不同的收纳单品来化解收纳难题。

伸缩挂架：可以根据衣架的多少来设置长度，但因其凸出来的设计，对于有孩子的家庭来说不太安全，适合用在角落。
推荐度：☆

固定悬挂架：将其固定在墙面上，不占空间，且颜色、款式多样，可根据家居风格进行挑选。
推荐度：☆☆

单格文件盒：功能强大的收纳单品，收纳碗盘、锅具、书籍均有效，收纳衣架同样适合。可以找一个柜子放置几个文件盒，将衣架分类进行收纳。
推荐度：☆☆☆

问题 8

Q 日常用的脸盆、脚盆放在地面上占地不说，打扫卫生也不方便，有没有更好的收纳地点？

╱ 产 品 解 救 ╱

各种洗漱盆斜着放更容易保持整洁，可以购买壁挂式专用收纳架，用以实现多个盆的收纳。也可以利用很多不同形态的挂钩，如太空铝脸盆粘钩、无痕钉强力吸盘挂钩等。

▲ 形态多样的壁挂式洗漱盆收纳架

Q 宝宝的专用浴盆实在太占空间了，家里的卫生间面积又很小，要如何进行收纳呢？

/ 设 计 解 救 /

可以选择挂墙式浴室柜，距地面留出约 40cm 的空间，用来放置宝宝的洗澡盆以及儿童脚踏凳。这样的设计可以很好地解决浴室大件物品的收纳问题。

—— 非常适合放置儿童洗澡盆的空间

/ 产 品 解 救 /

也可以用专门收纳宝宝浴盆的置物架和挂钩来解决。但由于落地式置物架需要占用的空间相对较大，因此不妨只用一个挂钩来悬挂在墙上，不会占用过多的地面空间，而且比较方便打扫，容易保证空间的宽敞、整洁。

落地式收纳产品
推荐度：☆

挂钩式收纳产品
推荐度：☆ ☆ ☆

Q 如厕完需要起身时，却发现卫生纸没有了，十分尴尬，该怎样避免这种情况的发生？

/ 设 计 解 救 /

看似和收纳并没有太大关系的生活现象，实际上却可以通过合理收纳进行有效改善。例如，在临近马桶的墙面设计开放式储物格，用来放置卫生纸，如厕打发时间的手机和书籍也有了容身之处。

❶ 隐藏式柜体可以存放更多的如厕用纸

❷ 开放式柜格则用来放置如厕时的书籍、手机等小物

▲将手纸盒直接安置在卫浴柜侧面，吻合最佳拿取距离；同时临近坐便器的卫浴柜也方便收纳备用手纸

▲小尺寸的收纳柜占地面积小，却能收纳较多的备用卫生纸，也可以收纳一些零碎小物

若是干湿分离的卫生间，则首先应在距马桶前方30cm、距地面高度90cm处安置一个手纸盒，这个距离是最方便拿取的位置。而备用的卫生纸也应该放置在临近马桶的位置，例如摆放尺寸合适的小收纳柜。

玄关收纳

玄关连接室内与室外，虽然空间有限，却是每天外出和归家的小驿站，保障居室内部整洁和出门前的仪容仪表整理都少不了它。因此，将玄关处收纳得整齐清爽，把杂物隐藏起来，绝对是一门需要修炼的"绝技"。玄关最重要的收纳要诀就是要保证空间通畅，明亮的空间能够从进门起就给人好心情，让人充分享受温馨舒适的家居环境。

1.常见的收纳物品与收纳家具

确认玄关中需要收纳的物品

鞋：包括各种类型的鞋，如运动鞋、休闲鞋、皮鞋、靴子、拖鞋等

衣帽：包括日常穿的衣服、帽子、围巾等，有些家庭也会在此收纳一些换季衣物

随身物品：包括钥匙、包、雨伞等

与鞋相关的工具和杂物：包括鞋拔子、擦鞋工具等杂物

生活辅助用具：包括吸尘器、扫地机器人等；也可以存放老人用的拐杖、孩子的滑板车等

体育用具：热爱运动的家庭，可将球拍、各种球类收纳在此

找出玄关中常见的收纳器具

鞋柜：
体量小巧，形态灵
活，可结合空间面
积选择

挂衣钩：
位置灵活，使用方便，但承重力有限

定制玄关柜：
有可以挂外套的衣钩，也有
可以放置鞋子的柜体，可结
合家庭需求进行定制

换鞋凳：
可兼做穿脱鞋的坐凳，也方便放
置出入时常穿的鞋

鞋架：
开放的形式利于通风，也容易看
清鞋子类型，便于穿用

2. 玄关收纳的有效方式

玄关家具的体量不宜过大:一般来说,玄关的面积不大,然而其收纳功能却一点也不能少。想拥有完备的收纳功能,秘诀是摆放合适的家具。玄关家具的体量一般不宜过大,且要功能丰富,如可以利用小储物柜收纳常用的零碎小物件。

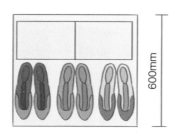

鞋在 600mm 柜体中的收纳形式

▲悬空式定制玄关柜

▲玄关定制柜依墙角设立,体量不大,却十分实用,地柜既可以收纳物品,也可以作为平时换鞋时的座椅

鞋柜的尺寸和形态应合理化:成品鞋柜柜体的净深一般在 330~380mm,加上薄的背板和门扇厚度大体为 350~400mm。若为定制玄关柜,则柜体的深度可达到 600mm,用这样的空间放鞋比较浪费,不妨采用深处放鞋盒、外侧放鞋的方式。鞋柜的长度可视空间大小以及所需收纳鞋子的种类、数量而定,通常 800mm 的长度可容纳 4 双女鞋或 3 双男鞋。以上数据可作为计算鞋柜收纳量的参考。另外,若考虑定制鞋柜,可将底部架空 250~300mm,放置经常更换的鞋子,并使人在站立换鞋时可以清楚地看到鞋子的种类。

1. **高部柜格**：可放置鞋盒，存放过季鞋
2. **左侧中高部柜格**：可放置帽子、书包、手提袋等
3. **左侧中部大格**：可放置大的背包、箱包等
4. **左侧中部扁格**：放置当季鞋
5. **右侧中部高格**：悬挂常穿的外套，并可根据需要放置整理箱
6. **台面**：可摆放托盘，供放置钥匙等常用小物品
7. **中低部大格**：可放置长短靴等
8. **中低部横柜格**：放置一些平时用于替换穿的鞋子
9. **下部架空区**：可放置拖鞋、常穿的鞋，并设置照明灯管

▲ 玄关柜收纳设计图示

Q 家中只有一个小型玄关柜来存放常穿鞋，要如何收纳才能最大效率地利用空间？

/ 产 品 解 救 /

如果家中入户空间只能放下一个小型鞋柜，就要充分考虑鞋柜的利用率。可以选择翻板鞋柜，在同等宽度柜体的情况下，选择内部带有翻板设计的鞋柜，能够存储更多的鞋子，占用空间也相对较小。为了放置方便，开启角度宜控制在15°左右。另外，封闭与敞开相结合的鞋柜形式，也非常人性化。将每日要穿的鞋和拖鞋放在开敞部分，替换鞋则放在封闭柜体中，"藏""露"结合，收纳方便。此外，还可以结合鞋托架来配合收纳。

▲有"藏"有"露"的鞋柜

▲翻板鞋柜

▲多样化的鞋托架

特别
提醒

有条件的话，最好通过定制来提高使用率。由于鞋子本身的尺寸高度不一，常规 16cm 的间隔不能满足所有需求，若将鞋柜的层板设计成可调节形式，根据鞋子高度设置最佳尺寸距离，可减少鞋柜空间的浪费。最好在侧板上每隔 32mm 打一个小孔，方便层板高度任意调节。

Q 家中的玄关柜挺大的，但同样鞋也很多，找一双想穿的鞋很难，有没有好的收纳方法？

\
方法解救
\

首先把鞋子按照一定的方式归类，如按照鞋的类型归类为凉鞋、皮鞋、运动鞋等。并根据使用频率来收纳，常穿的鞋子放在开放式鞋架上，易于寻找，节省时间；不常穿的鞋子选择放置于封闭的鞋柜中，既可以防尘，还不多占用玄关空间。另外，鞋柜中不好拿取的地方适合收纳过季的鞋子。

\
产品解救
\

归类完毕后，将收起来的鞋子拍照并打印照片，贴在鞋盒外面，这样不必打开盒子就知道里面放的是哪双鞋，很方便。如果觉得鞋盒外观不统一，也可以购买相宜尺寸的透明鞋盒，如此收纳可以带来更高的整洁度。这样的收纳还有一个好处是鞋子不容易落灰，但缺点是拿取依然有些不便。

透明鞋盒收纳形式参考

问题 3

Q 希望进门时可以将外衣、包包等物直接放在玄关处，如何收纳才合理？

/ 设 计 解 救 /

有条件的家庭可以在定制玄关柜的时候，专门规划出一块区域来放置外衣、包包等物品。拥有多区域分工的玄关柜可以令家中的物品得到最有效的收纳。

/ 产 品 解 救 /

小户型家庭若要解决这一问题，就要找出可以安装挂钩的墙壁位置，用螺丝将挂钩固定在墙上。但这样的形式不适合悬挂多人的衣物，会使玄关空间显得更加狭窄。对玄关面积略大的家庭，则可以选择带有轮子的衣架来放置衣物，这样在打扫时也方便移动。

▲在定制玄关柜的一侧专门留有悬挂衣帽的区域，且利用下部空间定制了换鞋凳，充分利用了空间

挂钩式
衣帽架
推荐度：☆

可移动
衣帽架
推荐度：☆☆

问题4

Q 回家后钥匙总是随手乱扔，出门时要找半天，应该如何解决？

/ **设 计 解 救** /

利用玄关墙面定制一个钥匙柜，将常用的钥匙挂在此处，方便拿取，也避免了出门找不到钥匙的麻烦。

/ **产 品 解 救** /

可以在进门处的墙面上粘贴挂衣服的挂钩或是专门挂钥匙的挂钩，例如磁铁钥匙挂钩。其底部磁石能够吸附各种金属钥匙，而且吸力很强，牢固不掉。除了可以挂钥匙之外，还可以挂一些各种各样金属的小物件，起到装饰作用。另外，也可以在鞋柜或玄关柜的台面上放置一个储物盒，专门放置钥匙这类小物。

▲嵌入式钥匙柜充分利用了玄关的纵向空间，同时为原本单调的墙面增添了美感

▲磁铁钥匙挂钩

▲在玄关柜上放置一个小的储物盒，占用的空间很小，却能规划出一处专门放置钥匙的场所，帮助主人养成物归原处的好习惯

Chapter 5

手作的快乐：
将身边的废弃物品
变成收纳神器

收纳小件单品，并不需要花费大价钱购买。
只要动手，
一些看似无用的小物就能变废为宝，
成为家中独一无二的收纳神器。

这些亲自动手制作的小物件，
不仅实现了物品价值的最大化利用，
同时，也流露出屋主内心对生活的热爱。

1. 塑料瓶变身收纳神器

　　废弃的塑料瓶在家中随处可见，如喝完的可乐瓶、用完的洗衣液瓶等，这些常被直接丢弃的物品实际上可以变身为很多非常实用的收纳单品。

 用可乐瓶制作画笔收纳桶

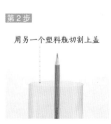

 用牛奶瓶制作书籍分隔架

 用塑料瓶还可以制作如下收纳物件

▲用于抽屉的分隔　　　　▲用于鞋柜的分隔　　　　▲用于衣柜的分隔

2.旧纸箱变身收纳神器

各种快递箱实际上是非常好的制作收纳盒的素材，只需简单装饰，就可以成为家中各种瓶瓶罐罐或零碎小物的安身之所。

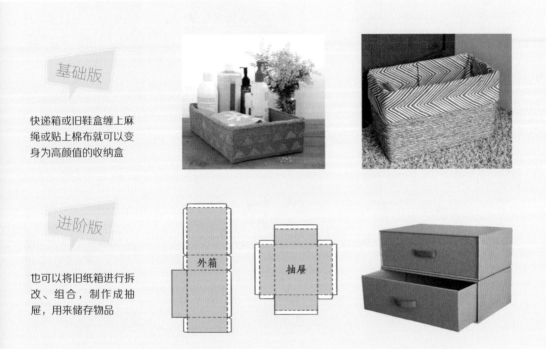

基础版

快递箱或旧鞋盒缠上麻绳或贴上棉布就可以变身为高颜值的收纳盒

进阶版

也可以将旧纸箱进行拆改、组合，制作成抽屉，用来储存物品

外箱　抽屉

3.光盘变身收纳神器

用废弃的光盘用来制作墙面收纳袋最好不过了。用喜爱的花布对其进行包裹，再缝制上口袋，就可以完成一个集美观与实用双重功能于一身的收纳小物件。

▲ 形态多样的光盘收纳袋

4. 更多样化的收纳神器制作

洞洞板收纳架

第1步

根据需要收纳首饰的多少以及悬挂墙面的大小选择一块厚度在 2mm 左右的三合板，等距十字交叉画线，确定打孔位置。

第2步

用丙烯颜料为洞洞板涂刷上喜爱的色彩，可以用美纹纸规划出色彩的分区，涂完色彩之后，将美纹纸撕除即可。

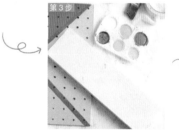

第3步

将一块厚度为 1cm 的硬木板涂刷成喜欢的颜色，为洞洞板增加更多的储物位置。

第4步

将硬木板与三合板制作的洞洞板用金属铁丝进行固定，洞洞板首饰收纳架制作完成。

第5步

将首饰挂在洞洞板上，再辅以一些绿植或工艺品装饰，可以成为家中颜值非常高的墙面装饰品。

围巾收纳架

　　准备一个衣架，并根据需要收纳的围巾数量准备若干个环形塑料圈，再利用宽胶带将其逐一固定即可。

亚克力化妆品收纳盒

　　将 2mm 的亚克力板用美工刀按上面的尺寸进行切割，接着用玻璃胶粘贴组合。基本形态组合完成之后，可以用美纹纸将接缝处美化即可。

▲ 成品图

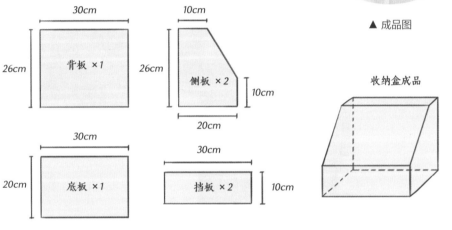

收纳盒成品

▲ 收纳盒尺寸图纸

衣架收纳挂架

　　将一个铁艺衣架的两端往挂钩处用力折弯，掰好后挂在家中的墙面上。再将外侧的一边朝外掰一下，这样可以便于收纳其他衣架。这种自制挂架的成本很低，但很实用，取用衣架便捷，用几个拿几个即可。

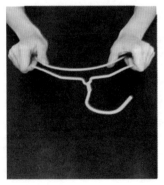